高压电缆排管全域过程管控
百问百答及应用案例

周利军　王　承　宋　喆　王竟成·编著

上海科学技术出版社

图书在版编目（ＣＩＰ）数据

高压电缆排管全域过程管控百问百答及应用案例 /
周利军等编著. -- 上海 ：上海科学技术出版社，2024.1
ISBN 978-7-5478-6523-1

Ⅰ．①高… Ⅱ．①周… Ⅲ．①高压电缆－检测－问题
解答 Ⅳ．①TM247-44

中国国家版本馆CIP数据核字(2024)第003107号

高压电缆排管全域过程管控百问百答及应用案例
周利军　王　承　宋　喆　王竞成　编著

上海世纪出版(集团)有限公司
上海科学技术出版社　出版、发行
（上海市闵行区号景路 159 弄 A 座 9F‑10F）
邮政编码 201101　　www. sstp. cn
上海展强印刷有限公司印刷
开本 787×1092　1/16　印张 13.25
字数：260 千字
2024 年 1 月第 1 版　2024 年 1 月第 1 次印刷
ISBN 978‑7‑5478‑6523‑1/TM·80
定价：100.00 元

本书如有缺页、错装或坏损等严重质量问题,请向工厂联系调换 电话：021‑66366565

内容提要

目前，随着城市中高压电缆设备量的逐年增长，高压电缆排管的建设规模越来越大。高压电缆排管作为一种重要的土建构筑物，为电缆提供敷设空间，并利用自身强度与刚度为电缆提供基本防护，其质量对高压电缆乃至城市电网安全稳定的影响日益增加。

本书立足于高压电缆排管在建设、验收、运维阶段的全域过程管控，以问答的形式阐述高压电缆排管施工、测绘、资料验收归档、现场验收、日常运维中的技术要点，并将管控工作中遇到的常见问题及解决方案汇总为案例集，供读者参考。全书图文并茂，旨在帮助读者理解掌握高压电缆排管的相关规范标准，强化高压电缆排管的质量管控，提升高压电缆乃至城市电网的安全性、稳定性。

本书主要涉及 110（含）～220kV（含）电压等级的高压电缆排管。110kV 以下电压等级的电缆排管可将本书用于参考。

本书可供电缆从业人员研究、学习、培训、参考之用，也可供高校相关专业的师生进行参考。

编委会

序

　　随着我国城市化率的不断提高，一些较为开阔的地区逐渐被高楼所占据，市区范围不断扩大。相对于架空线路，高压电缆具有占用地表空间小、对城市景观影响小、安全可靠性高的优点，更适合高楼林立的地区。目前高压电缆已逐渐取代架空线路，成为市区供电的主动脉，其可靠性直接关系到城市电网的稳定，影响着城市的运行及社会、经济的发展。高压电缆排管作为高压电缆的一种重要土建附属设施，能够为电缆提供较好的敷设条件，可避免敷设电缆时重复开挖路面，便于更换电缆；还能够利用其自身结构的强度及刚度为敷设于其中的电缆提供基本的防护，减少电缆受外力的影响，降低外破事故的发生概率。与其他用于敷设电缆的构筑物相比，排管性价比高，因此在城市建设中的使用规模越来越大。

　　依据相关标准、规范，在建设、验收、运维方面全域管控排管，保证排管质量，是发挥排管设计功能、为电缆提供敷设条件及有效防护的重要前提，有利于保障高压电缆乃至城市电网的坚强可靠运行。从业人员对其技术要求的掌握，也是实施有效管控的前提条件。然而部分电力行业的从业人员缺乏足够的土建专业基础知识，对电缆排管在建设、验收、运维方面的主要技术要求认识不足，面对以文字为主、图示说明较少、缺乏现场照片的大量规范标准时常感到难以理解。排管的技术要求往往又与主设备的内容并列穿插在多部规范标准中，自行阅读多有不便且容易漏读。目前尚缺乏将电缆排管的各种技术要求整合并融会贯通的专业书籍。

现在,国家电网上海电缆公司凭借在国内高压电缆排管方面一流的技术优势,组织老、中、青三代技术骨干精心编制了本书,从多部标准、规范中系统性地全面总结和归纳了高压电缆排管在建设、验收、运维全过程管控中涉及的内容。以问答的形式阐述了高压电缆排管施工、测绘、资料验收归档、现场验收、日常运维中的主要技术要求,并在行文过程中加入了大量现场照片与示意图,便于读者理解。书中还附有公司技术骨干多年来积累的经典案例,汇集了工作中的常见问题及解决方案,方便读者参考。本书凝聚了国家电网上海电缆公司全体排管工作者的经验智慧,旨在帮助从业人员学习相关规范标准,方便从业人员理解掌握高压电缆排管在建设、验收、运维全域过程管控中的技术要求,提升从业人员的专业水平,使其对规范标准的运用有更直观的认识和更深刻的理解,意在为专业人才培养尽一份力。

本人受国家电网上海电缆公司的同仁邀请为本书作序,甚是荣幸,希望广大电力行业从业人员在阅读本书后有所收获,能够对高压电缆排管专业有更清晰的认识,这将是对编者最大的鼓励。最后,衷心感谢所有参与本书出版的人员!

2023 年 11 月

前　言

　　近年来,随着城市电缆普及率的逐年增长,高压电缆在城市电网中的重要性越来越高。高压电缆通道作为高压电缆的主要土建附属设施,能够为电缆提供敷设安装的空间,并可利用自身强度、刚度为电缆提供基本的保护,其质量不仅影响电缆敷设的可行性,还关系到电缆主设备的安全性与供电的稳定性。高压电缆排管是高压电缆通道的主要形式之一,具有经济性较好、可避免重复开挖路面、更换电缆方便等优点,在城市中的建设规模逐年增长。保证排管建设、验收、运维的工作质量,是确保高压电缆顺利敷设、保障高压电缆乃至城市电网坚强可靠运行的重要前提。

　　本书的编者主要由在电缆排管建设、验收、运维一线工作过多年的人员组成。他们立足于行业规范标准与作业指导书,结合数十年的宝贵工作经验,将众多规范标准中与高压电缆排管相关的主要技术要求整理融汇,并辅以大量图示说明与现场照片,力求将排管在建设、验收、运维阶段全域管控的要点形象易懂地展现出来;旨在帮助读者理解掌握排管的技术要点,提升其在电力市政、电缆行业中的工作能力,从而为保障排管建设、验收、运维的工作质量出一份力。

　　本书的内容分为技术问答与案例汇总两部分。技术问答共六章,第一章概述了高压电缆排管的定义、组成部分与常见类型。第二章对排管的施工要点进行了具体阐述,详细介绍了排管施工前的准备工作及不同施工方法分部分项工程的管控要求。第三章从工程应用的角度出发,详细讲述了高压电缆排管测绘外、内业工作的管控要求,以及常用测量方法和工具,并概述了测量学的一些基础知识。第四章详细梳理了高压电缆排管验收工作的主要检验项目，与遇到的常见问题。第五章介绍了高压电缆排管工程中资料的类型、管控要求、归档工作。第六章讲述了日常维护高压电缆排管时的管控要求。第二部分是案例汇总，共有 14 个案例，类型涵盖高压电缆排管施工、验收及运维过程中遇到的常见问题及解决方案、测绘工作中易出现的错误及整改措施，并以最后一个案例介绍了某示范性工程，供读者参考。

　　本书在编写过程中得到了久隆集团电力电缆工程有限公司、同济大学、上海鑫灵科技发展有限公司、上海嘉瞻建设工程有限公司的大力支持，编者在此表示由衷的感谢！最后，受本书编者之有限水平，以及各地电缆敷设方式差异的影响，书中难免存在疏漏之处，恳请广大读者及技术专家的批评指正。

2023 年 11 月

目 录

第二篇·应用案例

第一篇

百问百答

第一章

高压电缆排管概述

1 高压电缆通道是什么?

高压电缆一般在电力电缆的构筑物中敷设。电力电缆的构筑物是供电缆敷设或安置附件、运行维护的不具备、不包含或不提供人员长期活动的人工建造物,包括电缆隧道、排管、电缆沟、电缆桥、电缆竖井等。这些构筑物统称为高压电缆通道。

2 不同种类高压电缆通道的适用范围是什么?

不同种类高压电缆通道的适用范围见表 1。本书主要涉及 110 kV(含)~220 kV(含)电压等级的高压电缆排管。并可供 110 kV 以下电压等级的电缆排管参考。

表 1　不同种类的高压电缆通道及其适用范围

名称	定义	适用范围	照片
电缆隧道	容纳电缆数量较多、有供安装和巡视的通道、全封闭型的地下构筑物	重要性及供电可靠性要求高,或同一路径规划敷设 6 回及以上高压电缆的情况。500(330) kV 电缆线路、6 回路及以上 220 kV 电缆线路应采用隧道型式。重要变电站进出线、回路集中区域、电缆数量在 18 根及以上或局部电力走廊紧张情况宜采用隧道型式	

（续表）

名称	定义	适用范围	照片
电缆排管（简称排管）	按规划电缆根数一次建成多孔管道的地下构筑物，一般由管道与工作井（简称工井）组成	电缆条数较多、敷设距离长，且电力负荷比较集中的情况；开阔或狭窄的区域，交通繁忙、少弯曲的城市道路；铁路、公路等区域。电缆排管适用于多种电压等级，一般可用于敷设导体截面 1 000 mm² 及以下的 220 kV 及以下电压等级的电缆线路	
电缆沟	封闭式不通行但盖板可开启的电缆构筑物，且布置与地坪相齐	人行道、变（配）电站内、工厂厂区，以及变电站进出线处、道路弯曲或地坪高程变化较大的地段	

（续表）

名称	定义	适用范围	照片
电缆桥	由托盘或梯架的直线段、弯通、组件及托臂（悬臂支架）、吊架等构成具有密集支撑电缆的刚性结构系统之全称	跨越公共通道、河道、水渠及地坪高程变化较大的地段。通常与电缆排管、电缆沟相互配合使用	
电缆竖井	用于沿垂向敷设电缆的垂直通道，一般为钢筋混凝土结构	水电站、高层建筑或高塔（如电视塔）、室内升压站和变电站，电缆线路进出线的通道，或较深层电缆隧道的电缆出入口	

3 高压电缆排管是什么？由哪几部分组成？

　　按规划电缆根数一次建成多孔管道的地下构筑物称为电缆排管（简称排管）。排管一般由管道与工作井（简称工井）组成。管道包含多根衬管，衬管仅供敷设电缆本体及光缆使用。明挖施工（一种施工方法，详见问答 5）管道的构造示意图如图 1 所示。水平定向钻进拖拉法（一种施工方法，详见问答 6）回拖完毕的管道如图 2 所示。电缆排管的工井则是供作业人员安装接头或牵引电缆用的地下构筑物。

　　工井分为封闭式工井、敞开式工井。封闭式工井如图 3 所示，四周、顶部、底部分别由侧墙和端墙、顶板、底板封闭，仅顶部井盖可开启。敞开式工井如图 4 所示，四周、底部分别由侧墙和端墙、底板封闭，其顶部由盖板覆盖，可完全打开。

图 1　明挖施工管道的构造示意图

图 2　水平定向钻进拖拉法回拖完毕的管道

图 3　封闭式工井

图 4　敞开式工井

敞开式工井可以视为一种在排管中使用的电缆沟。与封闭式工井相比，在敞开式工井中牵引电缆的方式更加灵活，转弯方便，可根据地坪高程变化调整电缆敷设高程；但对其中电缆的保护能力弱于顶板封闭的封闭式工井。通常在变电站进出线处、道路弯曲或地坪高程变化较大等无法实施封闭式工井的特殊地段（除机动车道外），根据实际情况使用敞开式工井代替封闭式工井与管道相互配合，一般情况下常使用封闭式工井配合管道。

封闭式工井与敞开式工井通常设置在一段管道的两端，三者的位置关系例如图 5 所示。

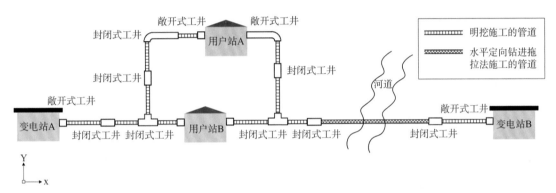

图 5　管道、封闭式工井、敞开式工井位置关系示意图

4 〉 高压电缆排管的管道分为哪几种？

按照施工方法的不同，高压电缆排管的管道的分类如图 6 所示。电缆排管的管道通常使用明挖法施工，水平定向钻进拖拉法主要适用于无法采用明挖法施工的情况，如穿越公路、铁路、河流、湖泊及管线密集路段。在明挖施工的管道中，预制管道一般与预制工井搭配使用，两者的各种构件（如 U 型槽、管道盖板、衬管、衬管支架、连接件等）均可进行工厂化生产。而现浇管道与其工井的大部分构件则需要在工地现场浇筑。

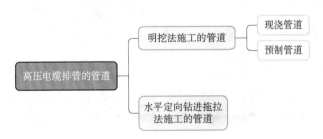

图 6　高压电缆排管的管道的种类

与现浇管道相比,预制管道能够更有效地保证钢筋混凝土构件的质量,且在开阔、无其他管线的区域施工速度更快。但是预制管道的 U 型槽、管道盖板需要使用 C40 高强混凝土,管材需使用 HPVC 管,还需使用高强螺栓及连接钢板作为连接件,比使用 C25 混凝土和 PVC 管的现浇管道成本高。另一方面,预制管道的 U 型槽、管道盖板尺寸较大,施工时需要起重机械辅助,且运输、堆放不便。故目前在明挖施工的管道中,现浇管道仍占绝大部分。

本书所涉及的明挖施工管道均为现浇管道。

5 〉 什么是明挖法?

敞口开挖基坑(沟槽,如图 7 所示),再在基坑(沟槽)中修建地下工程(图 8),最后用土石等回填(图 9)的施工方法即为明挖法。

电缆排管的管道除明挖法外还常用水平定向钻进拖拉法进行施工,电缆排管的工井则一般均使用明挖法施工。

图 7　敞口开挖的基坑(沟槽)

图 8　在基坑(沟槽)中修建地下工程

图9　回填覆土

6 ＞ 什么是水平定向钻进拖拉法？

明挖法在城市市政、给水、电力、煤气、通信等管道工程中应用广泛。但当施工地段位于交通干线附近，或其周围环境对位移、地下水有严格限制，或管道埋深较大时，采用非开挖施工常更为安全与经济。

非开挖技术是在不开挖或少量开挖地表的条件下，进行各类管线的探测、定位、敷设、修复、检测和更换的工程技术。常用的非开挖工法如图10所示，其中水平定向钻进拖拉法在电缆排管工程的非开挖施工中最为常用。

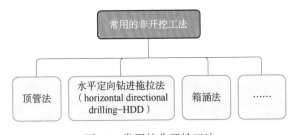

图10　常用的非开挖工法

水平定向钻进拖拉法是管道定向钻进施工方法之一，是将水平定向钻机（图11）和控向系统在预先确定的方向上通过导向孔钻进、扩孔、管道回拖等工艺过程实施管道敷设的一种施工技术。水平定向钻进拖拉法施工的电缆管道（定向钻拖拉管）回拖完毕后，在与工井连接前，两端的衬管如图12所示。

图 11 水平定向钻机

图 12 回拖完毕的定向钻拖拉管(以 2×6 孔, 6 孔一束为例)的两端

7 高压电缆管道的常用形式有哪些?

高压电缆管道的常用形式有 2×10 孔、2×10-1 孔、3×7 孔、3×7-1 孔。以明挖施工的电缆管道为例,给出其横断面图:2×10 孔、2×10-1 孔明挖管道的标准横断面图如图 13、图 14、图 15 所示,3×7 孔、3×7-1 孔的分别如图 16、图 17 及图 18 所示。明挖管

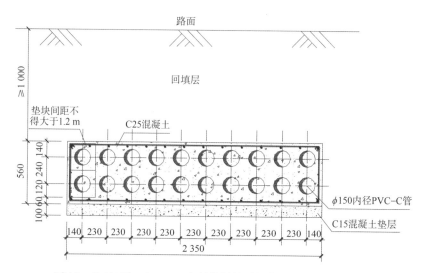

图 13 2×10 孔 Φ150 mm 内径管材的明挖管道的标准横断面图

道内部的衬管一般采用 Φ150 mm、Φ175 mm 两种。具体的断面尺寸及构件细节应以土建施工蓝图为准。

定向钻拖拉管在直线敷设段的横断面参考同样形式的明挖管道,其余部分为圆形横断面;详见问答 41。横断面形式可参考图 118,并根据实际孔数进行调整。管材的规格见表 20。具体的断面尺寸及构件细节应以土建施工蓝图为准。

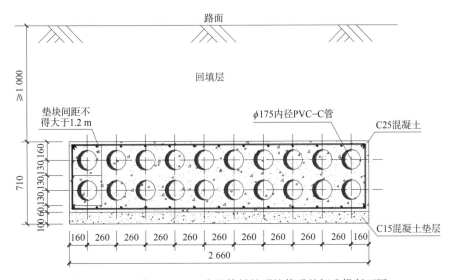

图 14 2×10 孔 Φ175 mm 内径管材的明挖管道的标准横断面图

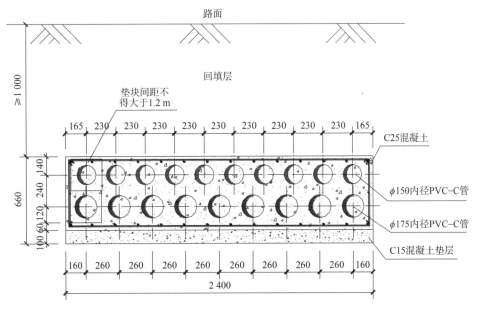

图 15 2×10-1 孔明挖管道的标准横断面图

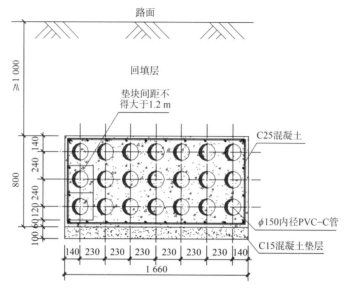

图16 3×7孔 Φ150 mm 内径管材的明挖管道的标准横断面图

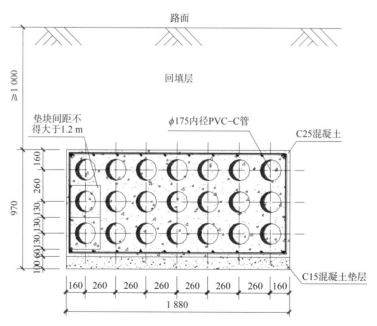

图17 3×7孔 Φ175 mm 内径管材的明挖管道的标准横断面图

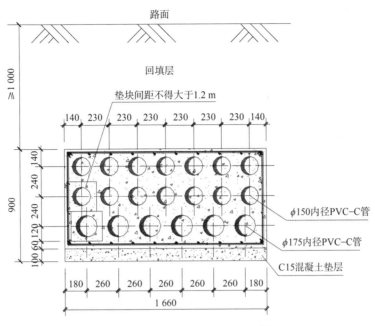

图 18 3×7－1孔明挖管道的标准横断面图

8 ＞ 什么是高压电缆排管的测绘？它的外业、内业工作分别指的是什么？

高压电缆排管的测绘工作分为外业、内业两部分，见表 2。上海地区排管平面和高程坐标采用上海 2000 坐标系和上海吴淞高程。

表 2 高压电缆排管测绘的外业及内业工作

工作	定义	工作内容
外业工作	一般指利用专业测量仪器和工具，用正确的测量方法和手段，测量得到排管平面坐标和高程	通过多个测点之间构成的线和面的关系，测定已完工排管在空间中的位置，并绘制现场测量草图
内业工作	一般指将外业测量数据和现场草图进行整理，并通过计算机专业软件进行数据处理和绘制成图的过程	包括提供工程项目验收所需的测绘资料，并在项目验收合格后在全业务运营管理中台系统中将所测设备、设施的数据绘制成图并将其关键信息录入系统生成设备台账卡，形成设备及设施的数据库，以清晰准确地反映排管走向、设备状态，方便运维、调度人员进行通道状况查询、图纸打印等工作

9 > 高压电缆排管的主要技术要求涉及哪几方面的工作？

高压电缆排管的主要技术要求所涉及的工作事项如图 19 所示。

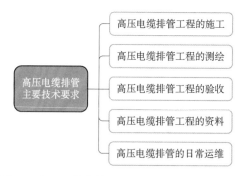

高压电缆排管主要技术要求
- 高压电缆排管工程的施工
- 高压电缆排管工程的测绘
- 高压电缆排管工程的验收
- 高压电缆排管工程的资料
- 高压电缆排管的日常运维

图 19　高压电缆排管主要技术要求所涉及的工作

第二章

高压电缆排管工程的施工

10 > 选择高压电缆排管的路径时一般有哪些要求？

电缆排管路径应与城市总体规划相结合，宜与市政道路同步设计、同步建设，应与各种管线和其他市政设施统一安排，且应征得城市规划部门许可。排管需有城市规划部门批准的规划许可证（例如图 20），穿越河道的排管需有水务局行政许可（例如图 21）。

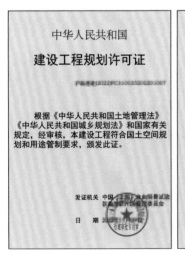

图 20　建设工程规划许可证样例　　　图 21　水务局行政许可文件样例

排管路径原则上不进入建筑红线、排管上方不应有建筑物。应避免电缆通道邻近热力管线、易燃易爆管线（输油、燃气）和腐蚀性介质的管线，并应保证排管与城市其他市政公用工程管线间的安全距离。

电缆排管宜布置在人行道、非机动车道及绿化带下方。设置在绿化带内时,工井出口处高度应高于绿化带地面不少于 300 mm。穿越河道的排管应选择河床稳定的河段,埋设深度应满足河道冲刷、船舶抛锚、远期规划等要求,具体要求应征询河道管理部门。

根据规划要求,应在规划路口、线路交叉地段,合理设置三通或四通工井并预留适当的接口。单段电缆通过的排管不宜设置 3 个及以上转弯。

利用已建排管的项目,应根据现场情况考虑预留费用的事项见图 22。改造井的加长部分需增加支架、接地扁铁、吊架和运行电缆防火包带等附件。

图 22　利用已建排管时需要考虑预留费用的事项

选线单位应重点勘查拟建排管的路径沿线中可能影响工程实施的难点,如侵入道路红线、绿线的违章建筑,与管位冲突的商铺、小区及敏感的管线等。收集的选线资料应包括的内容如图 23 所示,其中对于地下管线资料,需明确各类管线的埋深、管径,以及新建排管的相对位置等信息,并提供最新版测绘院地下管线图纸。

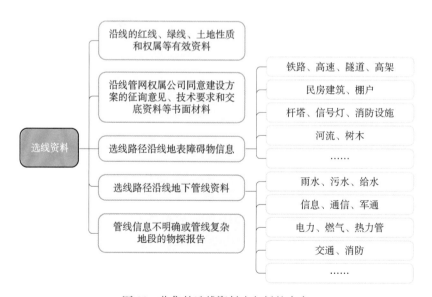

图 23　收集的选线资料应包括的内容

11 〉 高压电缆排管工程施工前的准备工作有哪些?

施工单位应按设计要求进行现场踏勘,掌握施工现场的实际情况和特点,制定相应的施工方案。现场调查需要掌握的沿线情况和有关资料如图 24 所示。

图 24 中,对于施工范围内地下管线情况与工程地质及水文地质条件的调查,必要时可以采用仪器探测或开挖设计样洞为设计出图提供依据,或对设计图中管线的情况予以核实,排管应避开地质条件不良

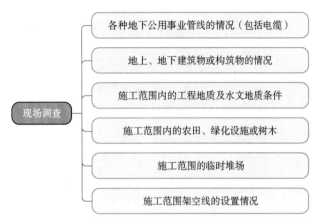

图 24 现场调查需要掌握的沿线情况和有关资料

的区域,并保证定向钻拖拉管穿越河流的位置水流平缓、河道顺直、河床稳定,两岸边坡稳定、施工场地足够;为保护生态环境,尽量避免占用农田、树木或绿化设施。

电力电缆排管工程施工前应由设计单位进行设计交底。设计交底会议中建设单位、施工单位、监理单位、设计单位、运维管理单位的相关人员均应到场。当发现设计图与实际情况不符或设计的电缆排管不能满足运行要求时,应及时向设计单位提出设计变更的需求。设计方案经各方同意后方可实施。在设计交底会上需要明确的排管工程基本施工要求见表 3。

表 3 排管工程基本施工要求

序号	事项	要 求
1	证照及设计图纸	施工前提供建设规划许可证及管照图复印件、开井报告、选线报告、定向钻河道施工手续(河道证需显示河床底部最深点高程及防护桩高程位置,以及要求我方定向钻拖拉管距离河床底部的安全距离)、三套排管施工设计图纸(含排管线路和土建各三套,其中土建定向钻拖拉管分册需包含平面图、断面图及河床、防护桩信息)及施工简图
2	孔位批复	施工前各方需确认孔位批复已出,并确认测绘单位、总包单位、分包单位合同是否已经签署
3	施工周计划	排管工程开工前,需要总包方每周上报施工周计划
4	管位	管位应严格按规划管位进行施工,所有工井、管道均不得越出规划红线。管位标高有变更或涉及未成形道路、规划道路、绿化等,需在设计图纸中说明每段排管标高施工依据

图中标注(图内文字):
- 各种地下公用事业管线的情况(包括电缆)
- 地上、地下建筑物或构筑物的情况
- 施工范围内的工程地质及水文地质条件
- 施工范围内的农田、绿化设施或树木
- 施工范围的临时堆场
- 施工范围架空线的设置情况
- 现场调查

(续表)

序号	事项	要　　求
5	排管埋深	管道埋深小于 1 m 处应在施工前上报运维管理单位并提供所处地理位置的详细记录,在征得运维管理单位同意后方可继续施工。管道覆土深度小于 0.5 m 不准进行施工。封闭式工井覆土深度不得小于 0.5 m,小于 0.5 m 覆土深度时应在施工前上报运维管理单位,经备案许可后方可施工
6	施工影像资料	施工过程按规范提供分部分项的施工影像资料,尤其要明确显示出覆土深度和排管的具体位置
7	井盖、井座	道路及承重路段一律使用标准整套球墨铸铁井盖、井座并配有防盗栓
8	定向钻拖拉管两侧的工井	定向钻拖拉管两侧的工井原则上不应放置接头,若不可避免需要放置接头,需在原设计长度上增加 4~6 m
9	定向钻拖拉管的设置	避免三段及以上的定向钻拖拉管连续出现,若无法避免,需要将中间增加一段明挖管道将其隔开
10	加设管孔	在现有管道上方或两侧加设管孔时,需提前向运维管理单位报备加排方案,以确保其孔位、深度均满足高压电缆运维要求。
11	施工设计变更	施工过程中严格按照施工规范,按图施工,变更必须有相应的施工设计变更手续,且必须经运维管理单位许可后方可施工,严禁擅自施工
12	排管在综合工程施工区域内	排管工程涉及综合工程施工区域内申报竣工验收的,原则上应在道路成形后,确无对已建排管及设备发生二次损坏的前提下,方可准予进行现场验收工作。若因特殊原因必须进行验收的,则应提供相应的保护方案并落实相应的现场保护措施后作为中间验收处理
13	排管管位、电缆终端在农田里	若选线确定的排管管位、电缆终端在农田里,需要提供永久性占地协议,预留检修通道,给出充足的标高依据
14	检修通道	若现场无现成的检修通道可以利用,则建设方应考虑检修通道的规划和建设,确保通道及其电缆设备的日常运维、检修、抢修工作不受影响
15	使用 MPP 管的明挖管道	明挖管道使用 MPP 管作为内部衬管时,应参照使用 PVC 衬管的管道进行施工,即必须施作钢筋混凝土箱体,不得采取直埋或素混凝土包裹的施工方式
16	警示标志	施工结束后,按标准落实警示标带、地钉、标识牌等;管位上敷设警示标带,绿化带内设立线路立标,道路上设置地钉,涉及非开挖过河段,河道两侧适当位置设置警示标志
17	申报验收的资料	竣工验收前一周应提供(新建排管、新建非开挖、新建工井、利用 35 kV 及以下通道)测绘资料、简易走向图、施工小结、三级验收报告、质监初评报告、验收计划等申报验收材料,原则上验收材料齐全再进行排管现场验收
18	停役/投运的条件	停役/投运前,若未完整提供新建通道及中低压通道测绘资料、证照(包括规划许可证、河道证、申照图)、验收整改闭环材料,原则上不同意签停役/投运

12 高压电缆排管工程有哪些分部分项工程？各分部工程的施工顺序是什么？

高压电缆排管工程的分部工程，以及各分部工程的分项工程如图 25 所示。

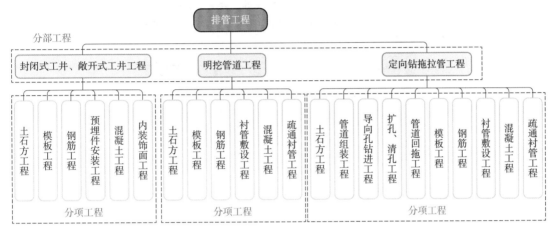

图 25 高压电缆排管工程的分部分项工程

封闭式工井、敞开式工井工程的施工顺序见问答 23；明挖管道工程的施工顺序见问答 33；定向钻拖拉管工程的施工顺序见问答 40。

第一节 · 电缆排管工程的通用一般性说明及要求

13 对土石方分项工程的一般性要求有哪些？

关于土石方分项工程的通用要求如下文，布置定向钻拖拉管施工场地的注意事项见问答 42，其他施工要点根据沟槽支护形式的不同见问答 25、35。沟槽开挖过程中的防火防爆安全要求如图 49 所示。

施工单位应依据设计图纸进行实地放样（包括施工作业面，如图 26 所示），根据明挖管道的管位及工井中心线和沟槽宽度放出沟槽开挖边线，并放出临时堆场等设施的占地边线。

工程中含有水平定向钻拖拉管的，根据设计图确定两端工井的位置，再确定定向钻

图 26　按设计走向图及断面图要求进行实地放样

入、出土点的具体位置。定向钻拖拉管两端靠近工井的 10 m 范围内,根据管位放出沟槽开挖边线。在入土点,根据管位确定安装钻机的位置,放出入土坑、钻进液配置、存储设备等设施的占地边线。在出土点,放出出土坑、管道组装场地的占地边线。如需布置其他工作坑(如起始端、接收端的回收钻进液坑等),亦放出其占地边线。

图 27　开挖施工样洞

施工单位应根据各管线单位现场交底的情况,开挖施工样洞(图 27),摸清地下管线及地质情况,设置醒目的地下管线标牌。制定管线保护措施,以防施工时损坏管线。定向钻拖拉管的入土坑、出土坑可兼作探查地下管线及地质情况的施工样洞。

根据施工放样得出的沟槽开挖边线确定开槽平面。施工前,根据建设单位、设计单位及相关部门的要求设置临时水准点、轴线控制线并复核。沟槽开挖深度应严格按照设计图纸确定。断面型式的确定应根据地形条件、土的类别和性质、地下水位情况、附近地面建筑物和地下管线的位置及开挖深度等因素综合考虑后选择而定,一般情况下,应符合下列要求:

(1)当地形空旷、地下水位较低、地质条件较好、土质均匀、沟槽开挖深度不超过 3 m、有较好的堆土场地时,可采用梯形槽断面,不设支撑;采用梯形槽断面开挖施工时,边坡应稳定,且应符合表 4 的要求。

表4　梯形槽断面开挖施工的规范坡度

序号	土质	边坡(高：宽)		
		无荷载	坡顶有静载	坡顶有动载
1	粉砂、细砂	1：1.25	1：1.5	1：2
2	砂质粉土、黏质粉土	1：1	1：1.25	1：1.5
3	黏土、粉质黏土	1：0.75	1：1	1：1.25

　　(2) 施工环境狭窄、周围地下管线密集的施工场合开挖的沟槽应选择有支护的直槽断面。横列板支护一般适用于开挖深度小于3 m的沟槽。工井一般采用钢板桩支护，开挖深度较浅的敞开式工井也可使用横列板支护。明挖管道(含拖拉管靠近工井的10 m直线敷设段)一般采用横列板支护。内无结构物的工作坑(如回收钻进液坑)按照设计要求选用支护形式。工井、明挖管道(含拖拉管直线敷设段)的有支撑直槽断面宽度按各自横断面的设计宽度两边各加1.10 m计算，如图28所示。内无结构物的工作坑(如回收钻进液坑)的有支撑直槽断面按照设计尺寸开挖。沟槽的支护为拉森型钢板桩时，沟槽宽度另加0.2 m。

图28　有支撑沟槽的开挖宽度示意图(单侧，非拉森钢板桩)

　　土方开挖的顺序、方法必须与设计工况相一致，并遵循"开槽支撑、先撑后挖、分层开挖、严禁超挖"的原则。沟槽周边1.5 m内严禁超高堆土(图29)。

图29　沟槽周边1.5 m内严禁超高堆土

沟槽开挖主要采用液压挖掘机机械挖土,施工方应根据需要挖出的土方量配备清运土方的车辆。机械挖土应符合表 5 的要求。

表 5　机械挖土的一般要求

序号	事项	要　　求
1	专人指挥	机械挖土时应有专人指挥,其他操作人员严禁站在挖机臂杆回转半径范围以内作业
2	处理障碍	遇到地下管线和各种构筑物应尽可能临时迁移,如无法移动,必须人工挖土使其外露,并采取吊托等加固措施。管道的管位如被其他地下管线所阻碍,必须调整管道标高式绕道避让时,管道折点须控制在 2°30′ 内(即 3 m 同方向可以调整 12 cm),平缓地调整坡度和折点,使成形后的管道相对顺畅,如图 30 所示
3	挖土支撑	挖土与支撑应相互结合,使用钢板桩时,先打钢板桩围护再开挖,机械挖土后,及时设置对撑(详见问答 25);使用横列板时,挖土至 1.2 m 后,应及时布设列板及对撑(详见问答 35)
4	控制标高	按设计埋深要求控制标高。机械挖土至设计标高槽底上 20 cm 左右,由人工配合清底,严禁超挖

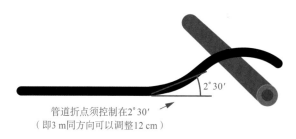

管道折点须控制在 2°30′
(即 3 m 同方向可以调整 12 cm)

图 30　管道折点控制要求示意图

在市区、里弄等场地较小、管线密集的地区修建排管时,可采用人工挖土,应符合表 6 的要求。

表 6　人工挖土的一般要求

序号	事项	要　　求
1	人员分布	操作人员分布不得过密,以每隔 2.5 m 的距离为宜
2	开挖断面	挖土面应形成阶梯形断面,做好自然排水
3	处理障碍	遇到地下管线和各种构筑物,参考表 4 机械挖土要求 2

开挖至设计标高后,由人工配合清底。如遇槽底有淤泥,必须清除至原层,回填大石块或砾石,不允许泥土充填。如遇复杂的土质情况,及时与设计联系,制定相应的技术措施和施工方案后方可实施。

防止带水作业的施工期间排水措施如图 31 所示。其中排水沟纵坡宜控制在 1‰～

图 31　防止带水作业的施工期间排水措施

2%。排水沟、排水土井应与侧壁保持足够距离,不影响施工。拖拉管直线敷设段的排水明沟可参照明挖管道设置。

沟槽内的结构施作完毕并经验收合格后方可覆土,覆土时应清除沟槽内的垃圾、树根等杂物。回填土必须分层夯实,不得带水回土,不得回填淤泥、腐殖土、有机物及大块硬物,见表 7,直径大于 10 cm 的石块应剔除,以防受压后损伤混凝土体。

表 7　错误的覆土方式

序号	错误案例	照片
1	带水回土	
2	回填淤泥、腐殖土	
3	回填有机物及大块硬物	

（续表）

序号	错误案例	照　片
4	箱体两侧和顶上回填直径大于10 cm的尖角石块	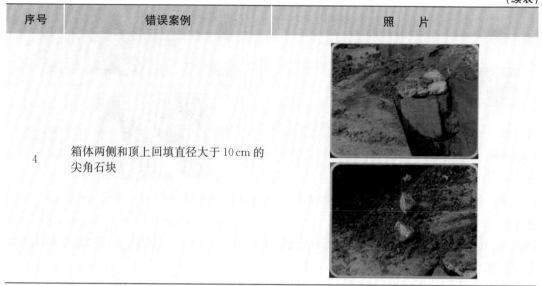

填方施工过程中应检查排水措施，每层填筑厚度，含水量控制、压实程度。每层填筑厚度及压实遍数应根据土质、压密系数及所用机具见表8要求：

表8　沟槽填筑压实的要求

压实机具	分层厚度/mm	每层压实遍数
人工打夯	<200	3～4
平碾	250～300	6～8
振动压实机	250～300	3～4

钢板桩在回填土完成后再拔除，拔除时应间隔拔除，同步充填黄砂，以填补槽形空隙。横列板拆板应按自上而下的顺序逐层进行。拆除一组列板（两边若干块横列板、左右各两根竖列板、两根钢管撑），覆该组列板位置处的土，拆板和覆土应交替进行。当天拆板应做到当天覆土当天分层夯实。

14 ＞ 排管工程的沟槽在开挖过程中需要降低地下水位吗？

一般情况下，在市区等已经过大量基础设施建设的地区，原土层之上存在回填土层，使地下水的埋置深度增加。且管道（含拖拉管直线敷设段）混凝土箱体沟槽的开挖深度通常较浅，故在此类地区开挖管道沟槽的过程中，一般可不需降低地下水位。工井沟槽开挖深度较管道沟槽深，但渗入沟槽内部的地下水量对机械挖土施工的影响一般仍不显著,通常在开挖过程中也可不需降低地下水位。但在挖土、支撑完工后,需在设计标高槽底采取排水措施(见问答 13)。

当遇到流砂等不良地质现象的情况,或在海滩、河道两侧等地下水埋置深度较浅的区域施工时,沟槽开挖过程中需考虑降低地下水位。在地下水位较高地区的农田等地表为原土层的区域施工亦需考虑降低地下水位。施工前应有降低地下水位设计,降低地下水位工程设计采用的技术方法,可根据降低地下水位深度、含水层岩性和渗透性选择确定。一般在沟槽内降低地下水位。当在沟槽外降低地下水位时,应有降低地下水位范围的估算,对临近的重要建筑物或公共设施在降低地下水位过程中应加强监测。采用井点降低地下水位施工应根据地质钻探报告并编制施工方案报请上级有关部门得到批准后方可施工。

15 > 对模板分项工程的一般性要求有哪些?

关于模板分项工程的通用要求如下文,其他施工要点中,工井见问答 26,明挖管道、定向钻拖拉管直线敷设段见问答 36。模板分项工程应符合的一般性要求如图 32 所示。

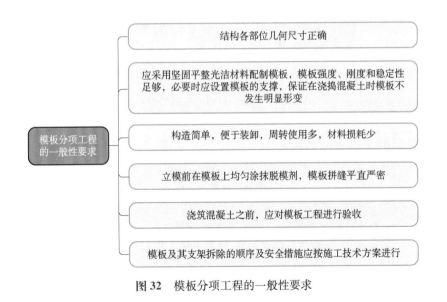

图 32 模板分项工程的一般性要求

16 > 对钢筋分项工程的一般性要求有哪些?

关于钢筋分项工程的通用要求如下文,其他施工要点中,工井见问答 27,明挖管道、定向钻拖拉管直线敷设段见问答 37。

主筋采用 HRB400 级,分布筋及箍筋采用 HPB300 级。钢筋分项工程应符合的一般要求如图 33 所示。

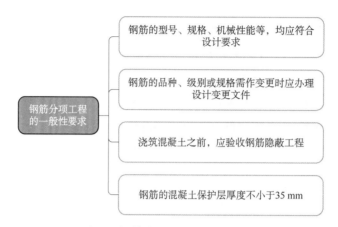

图 33　钢筋分项工程的一般性要求

钢筋原材料的一般要求如图 34 所示。

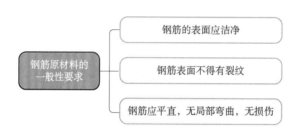

图 34　钢筋原材料的一般要求

钢筋原材料的主控项目见表 9。

表 9　钢筋原材料的主控项目

事项	内　　容
参照标准	钢筋进场时应按现行国家标准《钢筋混凝土用钢第 2 部分:热轧光圆钢筋》(GB/T 1499.1)、《钢筋混凝土用钢第 2 部分:热轧带肋钢筋》(GB/T 1499.2)等的规定抽取试件做力学性能检验,其质量必须符合有关标准的规定
检验方式	检查产品合格证、出厂检验报告、吊牌和进场复验报告
发现异常时	当发现钢筋脆断焊接性能不良或力学性能不正常等现象时,应对该批钢筋进行化学成分检验或其他专项检验

钢筋加工应符合以下要求:

(1) 受力钢筋的弯钩和弯折应按照《混凝土结构工程施工质量验收规范》(GB 50204)有关规定执行。

（2）钢筋加工的形状、尺寸应符合设计要求，管道钢筋的偏差应符合表 10 的要求。工井钢筋的偏差应符合表 11 的要求。

表 10 管道钢筋的允许偏差

项目	允许偏差/mm
受力钢筋顺长度方向全长的净尺寸	±10
弯起钢筋的弯折位置	±20

表 11 工井钢筋的允许偏差

项目	允许偏差/mm
受力钢筋顺长度方向全长的净尺寸	±10
箍筋内净尺寸	±5
弯起钢筋的弯折位置	±20

钢筋连接应符合的要求见表 12 和表 13。

表 12 对钢筋连接的一般要求

序号	事项	要求
1	纵向受力钢筋的连接方式	应符合设计要求
2	纵向受力钢筋的搭接位置	同一构件相邻纵向受力钢筋的绑扎搭接接头宜相互错开
3	纵向受拉钢筋的最小搭接长度	当纵向受拉钢筋的绑扎接头面积百分率不大于 25% 时，其最小搭接长度应符合表 13 的要求；当纵向受拉钢筋的绑扎接头面积百分率大于 25%，但不大于 50% 时，其最小搭接长度应按表 12 中数值乘以系数 1.2 取用；当接头面积百分率大于 50% 时，其最小搭接长度应按表 12 中数值乘以系数 1.35 取用
4	HPB300 钢筋的绑扎接头	采用绑扎接头时，受拉区域内的 HPB300 钢筋绑扎接头的末端应做弯钩

表 13 受拉钢筋绑扎接头的搭接长度

钢筋类型	混凝土强度等级		
	C15	C20～C25	C30～C35
HPB300 钢筋	$45d$	$35d$	$30d$
HRB400 钢筋	−	$55d$	$40d$

注：1. d 为搭接钢筋直径，两根直径不同钢筋的搭接长度以较细钢筋的直径计算。
2. 在任何情况下，受拉钢筋的搭接长度不应小于 300 mm。

现场施工时按设计图进行钢筋翻样(图 35),列出钢筋规格数量,严禁规格窜位、以小代大。钢筋布置严格按设计图布置,杜绝上下倒置,分布不匀,钢筋弯曲;钢筋上严禁沾有油类物质及泥土,禁止使用未经检测的钢筋,见表 14。

图 35 根据设计图进行钢筋翻样

表 14 错误的钢筋布置方式

序号	错误案例	照片
1	钢筋上沾有油类物质及泥土	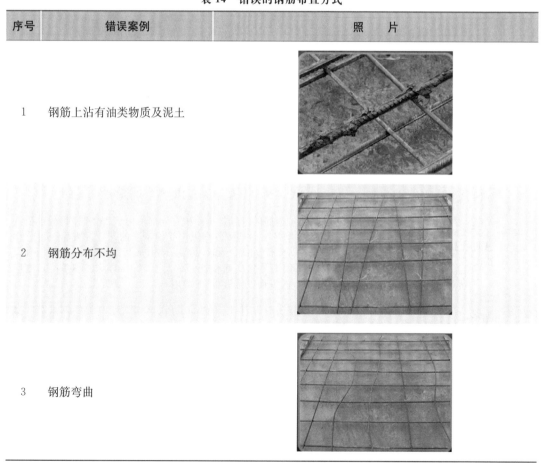
2	钢筋分布不均	
3	钢筋弯曲	

现场绑扎钢筋时,应符合图 36 的要求。

钢筋绑扎要求

- 应严格按照施工图规定的尺寸、间距和定位绑扎

- 绑扎的铁丝头应向内弯

钢筋绑扎点
（铁丝头向内弯）

绑扎的铁丝头朝钢筋笼内侧

- 钢筋的交叉点可每隔一根相互呈梅花式扎牢，但在周边的交叉点，每处都应绑扎

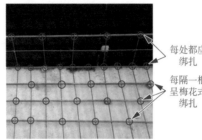

每处都应绑扎

每隔一根呈梅花式绑扎

- 箍筋转角与钢筋的交叉点均应扎牢，箍筋的末端应向内弯

箍筋转角与钢筋的交叉点用铁丝扎牢

箍筋末端向内弯

箍筋末端朝钢筋笼内侧弯

- 钢筋笼的底部应安置混凝土砂浆垫块，为确保钢筋的保护层要求，混凝土垫块厚度控制在30~35 mm

底板垫块

30~35 mm

- 钢筋笼的侧部应安置混凝土砂浆垫块，安置时必须设置铁丝将其固定在钢筋笼外侧，以防止浇混凝土时垫块脱落。为确保钢筋的保护层要求，混凝土垫块厚度控制在30~35 mm

30~35 mm

管道墙身垫块

工井墙身钢筋

工井墙身垫块

外侧

- 绑扎好的钢筋应有足够的刚度和稳定性，绑好的钢筋上不得践踏或放置重物

图36　现场绑扎钢筋时的一般要求

17 〉 对混凝土分项工程的一般性要求有哪些?

关于混凝土分项工程的通用要求如下文,其他施工要点,工井见问答 28,明挖管道、定向钻拖拉管直线敷设段见问答 39。

管道箱体(含拖拉管直线敷设段)及工井采用 C25 混凝土,素混凝土垫层采用 C15 混凝土。混凝土原材料的主控项目见表 15。

表 15　混凝土原材料的主控项目

序号	检验项目	要求	检验方式
1	检验进场水泥的品种、级别、包装、出厂日期,并复验其强度安定性及其他性能	检查及复验必须合格方可使用	检查产品合格证、出厂检验报告和进场复验报告
2	粗、细骨料	普通混凝土所用的粗、细骨料的质量应符合国家现行标准《普通混凝土用砂、石质量及检验方法标准》(JGJ 52)的规定	检查进场复验报告
3	拌制混凝土的水源	拌制混凝土宜采用饮用水,当采用其他水源时,水质应符合国家现行标准《混凝土用水标准》(JGJ 63)的规定	检查水质试验报告
4	混凝土中掺用的矿物掺合料	矿物掺合料的质量应符合国家现行标准《用于水泥和混凝土中的粉煤灰》(GB/T 1596)的规定	检查出厂检验报告和进场复验报告

注:1. 粗骨料的最大颗粒粒径不得超过截面最小尺寸的 1/4,不应超过 40 mm,且不得超过钢筋最小净间距的 3/4。
2. 黄砂采用中粗砂,泥土采用含量不大于 3%。

混凝土的配合比应符合设计要求的强度等级、耐久性和工作性的要求。混凝土拌制前,应测定砂、石含水率并根据试验结果调整材料用量,检验的方法为检查含水率测试结果和施工配合比通知单。禁用受潮水泥和含泥量高的石屑多的黄砂石子。

结构混凝土的强度等级必须符合设计要求。用于检查结构构件混凝土强度的试件,应在混凝土浇筑地点随机抽取,一组三块试件(图 37),杜绝作假,通过检查施工记录与混凝土试件的强度试验报告即可对其进行检验。

混凝土运输、浇筑及间歇的全部时间不得超过混凝土的初凝时间,混凝土运输至浇筑处如出现离析或分层现象应对混凝土进

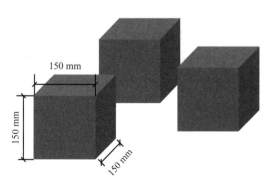

150 mm

150 mm

150 mm

图 37　混凝土试块示意图

行二次搅拌。不同种类水泥的初凝、终凝时间如图 38 所示。混凝土到现场后必须先对其做坍落度测试,符合标准后才能浇捣。雨天或气温在 0 ℃以下时,不得浇捣混凝土。

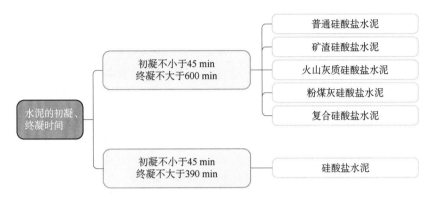

图 38 水泥的初凝、终凝时间

混凝土的浇筑应符合表 16 要求。冬季施工时,应采取保温措施。模板和保温层在混凝土冷却到 5 ℃后方可拆除。混凝土浇筑后应振捣密实。高压电缆排管工程中常用的混凝土振捣器有平板振动器(图 39)与插入式振捣器(图 40)。使用混凝土泵车浇筑混凝土时,应符合图 41 的要求。

表 16 混凝土浇筑的一般要求

序号	事项	要求
1	施工前检查	施工前,应检查模板及钢筋分项工程
2	混凝土的倾落高度	不得超过 2 m,大于 2 m 时应采用滑槽或导管
3	混凝土的搅拌最短时间	应符合国家现行标准《混凝土结构工程施工规范》(GB 50666),《混凝土结构工程施工质量验收规范》(GB 50204)的规定

图 39 平板振动器

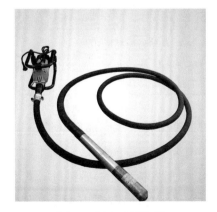

图 40 插入式振捣器

图 41　使用混凝土泵车浇筑混凝土时的注意事项

混凝土浇捣完毕后,养护措施应符合表 17 要求,其强度达到 1.2 MPa 的时间估计见表 18。

表 17　混凝土养护措施的一般要求

序号	事项	要　求
1	浇筑完毕至开始养护的时间	应在浇筑完毕后的 12 h 以内对混凝土加以覆盖并保湿养护
2	混凝土洒水养护的时间	如用普通硅酸盐水泥、硅酸盐水泥时,洒水养护不得少于七昼夜;如用矿渣硅酸盐水泥时,不得少于十四昼夜
3	冬季低温施工时的养护	冬季低温施工时(日平均气温低于 5 ℃),混凝土浇筑结束后,应立即进行覆盖保温,但不得洒水
4	浇水次数	应能保持混凝土处于湿润状态
5	混凝土养护强度	混凝土构件成型后,在强度达到 1.2 MPa 之前,不得在构件上踩踏行走或安装模板及支架 混凝土在自然保湿养护下强度达到 1.2 MPa 的时间可按表 18 估计 在实际操作中,混凝土是否达到 1.2 MPa 要求,可根据经验进行判定
6	塑料布的覆盖	采用塑料布覆盖养护的混凝土,全部表面应覆盖严密,并应内有凝结水

表 18　混凝土强度达到 1.2 MPa 的时间估计　　　　　　　　单位:h

水泥品种	外界温度/℃			
	1~5	5~10	10~15	15 以上
硅酸盐水泥、普通硅酸盐水泥	46	36	26	20
矿渣硅酸盐水泥、火山灰质硅酸盐水泥、粉煤灰硅酸盐水泥	60	38	28	22

管道箱体及工井底部通常铺设素混凝土垫层。做好沟槽底部的排水措施后,先根据设计图纸进行施工放样,定出工井中心线、长度和宽度控制线或管道箱体中心线、宽度控制线,复核标高无误后再进行素混凝土垫层(成品如图 42 所示)的浇捣。素混凝土推平后用平板振动器(图 39)振捣,捣固时间应控制在 25~40 s,应使混凝土表面呈现浮浆和不再沉落。待素混凝土结硬达到要求后方可进行后道工序。

图 42　工井(左)、管道(右)素混凝土垫层

18 > 对电缆管道中衬管的管材一般有哪些要求?

采用电力行业标准所列的管材,或电力行业认可的经技术鉴定机构认证的产品。供敷设单芯电缆用的衬管,应选用非导磁并符合环保要求的管材。管材动摩擦系数应符合《电力工程电缆设计规范》(GB 50217)规定。明挖施工管道的衬管选用 PVC 管,常用规格见表 19。水平定向钻进法施工管道的衬管应选用 MPP 管,常用规格可参考表 20。

表 19　明挖施工管道的 PVC 衬管的常用规格　　　　　　单位:mm

内　径	壁　厚
150	3
175	3.2

表 20　水平定向钻进法施工管道的 MPP 衬管的常用规格　　　　　　单位:mm

内　径	最小壁厚
150	12
175	14
200	16、18、20

管材进场时,应有出厂质保单,管材及其包装、运输和存放应符合相关规定。组装管道的管材材质应统一。对管材外观的要求见表 21。

表 21　管材的外观要求

序号	项目	要　求
1	管材内外壁	应光滑平整,无气泡、裂口、裂纹、脱皮和明显的痕纹、凹陷,且色泽基本一致
2	管端	应切割平整并与管轴线垂直,端面应平滑,无毛刺

19 ＞ 疏通衬管时有哪些施工要点？

管道施作完毕后，必须用衬管疏通器进行衬管疏通。进入工井疏通衬管时应遵守图 48 中的安全要求。根据不同的管径使用不同的疏通器进行双向疏通。高压电缆管道的衬管疏通器（铁牛，如图 43 所示）的常用规格有 $\Phi127\,mm\times600\,mm$ 与 $\Phi159\,mm\times600\,mm$。$\Phi150\,mm$ 内径的衬管使用 $\Phi127\,mm\times600\,mm$ 的疏通器，$\Phi175\,mm$ 内径的衬管使用 $\Phi159\,mm\times600\,mm$ 的疏通器。$\Phi200\,mm$ 内径的衬管可参照 $\Phi175\,mm$ 内径衬管使用 $\Phi159\,mm\times600\,mm$ 的疏通器。

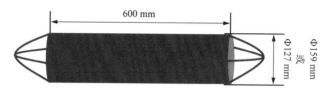

图 43　衬管疏通器（铁牛）

如实记录疏通的实况，严禁少通漏通及隐满隐情和使用短于 600 mm 或磨损严重的铁牛。疏通后的衬管两端及时用黄泥加少量水泥拌匀后封口，防止杂物进入衬管，衬管封口达到要求深度，表面平整且无渗水现象。工井端墙上的衬管端口应排列整齐，如图 44 所示。端墙上 $\Phi150\,mm$ 内径衬管端口外侧应扩展至 $\Phi190\,mm$，$\Phi175\,mm$ 内径衬管端口外侧应扩展至 $\Phi220\,mm$，$\Phi200\,mm$ 内径衬管端口外侧应扩展至 $\Phi240\,mm$，如图 45 所示。

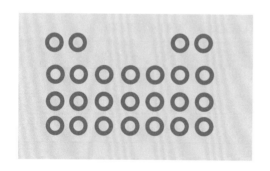

图 44　工井端墙上衬管端口的示意图（以 3×7 孔为例）

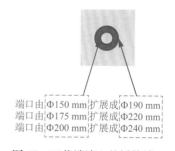

端口由 $\Phi150\,mm$ 扩展成 $\Phi190\,mm$
端口由 $\Phi175\,mm$ 扩展成 $\Phi220\,mm$
端口由 $\Phi200\,mm$ 扩展成 $\Phi240\,mm$

图 45　工井端墙上的衬管端口

20 ＞ 警示带与警示牌如何布置？

明挖管道及定向钻拖拉管靠工井两侧直线敷设段的箱体上方应布设警示带，如图 46 所示。

图 46　管道上方布设警示带

　　路面恢复后应在通道两侧对称设置排管的警示牌,警示牌型式应根据周边环境按需设置,河道旁设置三角形标识牌,路面设置方形标识牌,如图 47 所示;沿线每块警示牌设置间距一般不大于 50 m,在转弯工井、定向钻拖拉管两侧工井、接头工井等电缆路径转弯处两侧宜增加埋设。

河道旁的
三角形标识牌

路面的
方形标识牌

图 47　排管的警示牌

21 > 进入工井作业时的通用安全要求有哪些?

　　工井的主体结构施工完毕后,进入工井作业时的通用安全要求如图 48 所示。

22 > 排管施工中常见的防火防爆要求有哪些?

　　排管施工中常见的防火防爆要求如图 49 所示。

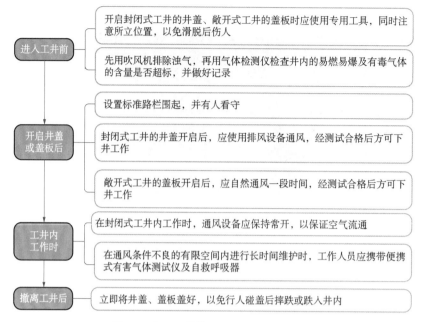

图 48　进入工井作业时的通用安全要求

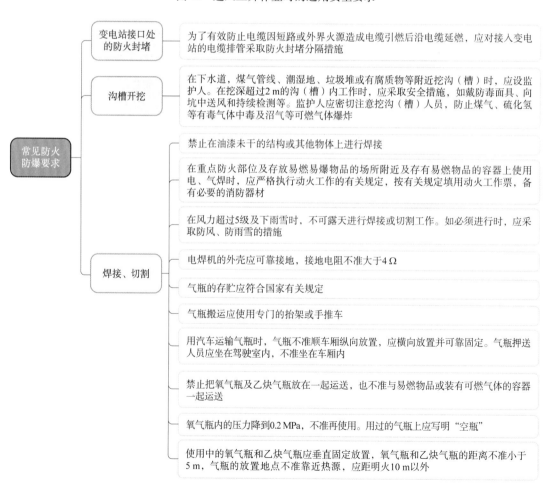

图 49　排管施工中常见的防火防爆要求

第二节·明挖法施工工井的工序及施工要点

23 > 工井的施工顺序是什么?

通常先建造工井,再施工两井间的管道。封闭式工井的施工顺序如图 50 所示。敞开式工井的施工顺序如图 51 所示。

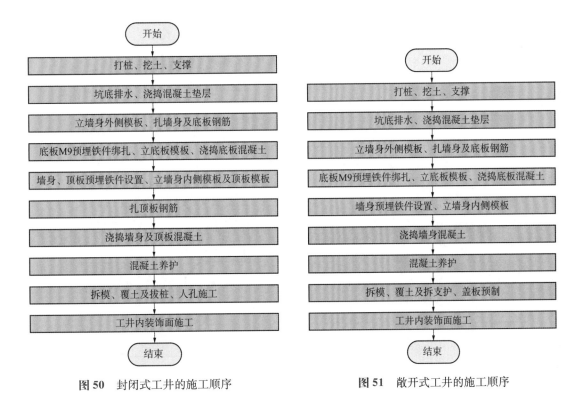

图 50　封闭式工井的施工顺序　　　　图 51　敞开式工井的施工顺序

24 > 工井的一般性技术要求有哪些?

工井具有多种形式,不同形式工井的适用范围不同。各种常见工井的适用范围及示意图见表 22,各种形式工井的凸口在表 22 中标出。表 22 中对比了普通凸口剖面与鸭嘴型凸口工井的凸口剖面,鸭嘴型凸口工井的平面形式可能是表 22 中 1—8 项的任何一种。

表22 工井的常见形式及其一般适用范围

序号	名称	适用范围	示意图
1	直线井	适用于排管直线段,站前直线敞开式工井适用于连通变电站	 无凸口 平面外轮廓示意图
2	转角井	适用于排管转角处	凸口 平面外轮廓示意图
3	三通井	适用于排管直线加转角处	凸口 平面外轮廓示意图
4	四通井	适用于两个排管的交叉连接处	凸口 凸口 平面外轮廓示意图
5	双转角井	适用于通道空间比较紧张的排管直线段	凸口 凸口 平面外轮廓示意图
6	直角井	适用于通道空间比较紧张的排管转角处	凸口 平面外轮廓示意图

（续表）

序号	名称	适用范围	示意图
7	U 型敞开式工井	用于电缆登杆处	
8	F 型敞开式工井	用于电缆登杆处	
9	鸭嘴型凸口工井	适用于凸口处有少量其他管道需避让处	

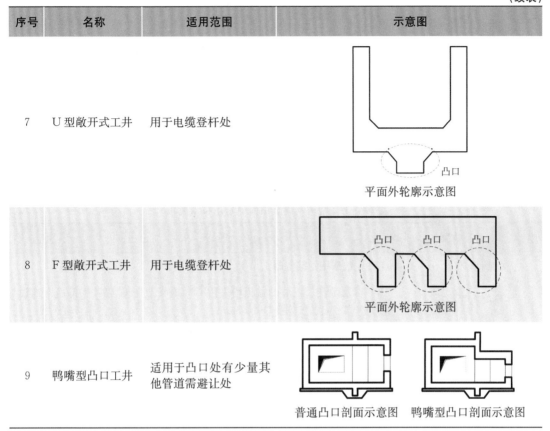

工井位置及尺寸的常用技术要求见表 23。在排管线路的转弯和折角处，应增设工井。所有的电缆工井都应设置在运行人员方便到达的位置。

表 23　工井位置及尺寸的常用技术要求

序号	项目	要　求
1	工井间距	按牵引力及侧压力不超过电缆的容许值来确定。在直线部分，两工井之间的距离不宜大于 150 m
2	工井埋深	应符合要求，工井的覆土厚度不宜小于 500 mm
3	工井长度	应根据敷设在同一工井内最长的电缆接头及能吸收来自保护管内电缆的热伸缩量所需的伸缩弧尺寸决定。当工井内不超过 6 只单相接头时，110 kV 接头工井长度不宜小于 10 m，220 kV 接头工井长度不宜小于 12 m。如工井内超过 6 只单相接头，工井具体尺寸需根据工程实际情况进行核算
4	工井凸口	工井凸口的尺寸应满足电缆敷设时最小转弯半径的要求，高压电缆最小转弯半径一般为选用敷设电缆外径的 20 倍
5	工井净高	应根据接头数量和接头之间净距离不小于 100 mm 设计，且封闭式工井净高不宜小于 1.9 m。常见的敞开式工井净高为 1.6 m、1.9 m

(续表)

序号	项目	要　　求
6	工井净宽	应根据安装在同一工井内直径最大的电缆接头和接头数量及施工机具安置所需空间设计,常为 2.5 m、3.0 m
7	工井内最小允许通行宽度	封闭式工井内布置单侧支架时井内最小允许通行宽度不小于 0.9 m,布置双侧支架时不小于 1 m。敞开式工井内布置单侧支架时井内最小允许通行宽度不小于 0.6 m,布置双侧支架时不小于 0.7 m

工井结构及内装饰面的常用技术要求见表 24。

表 24　工井结构及内装饰面的常用技术要求

序号	项目	要　　求
1	结构形式	工井一般采用钢筋混凝土结构
2	混凝土等级	工井以及敞开式工井的盖板均采用 C25 混凝土浇筑,工井底部通常铺设 100 mm 厚 C15 素混凝土垫层
3	钢筋等级	工井以及敞开式工井的盖板,主筋采用 HRB400 级、分布筋及箍筋采用 HPB300 级
4	封闭式工井抗渗等级	一般情况下封闭式工井抗渗等级采用 P6
5	敞开式工井的角钢	敞开式工井盖板四周角钢采用 Q235B 级钢
6	地基的承载力	土方开挖后地基的承载力应不低于 80 kPa,当地基承载力不满足要求时,应采取换填等地基处理措施
7	封闭式工井的人孔	每座封闭式工井至少设置两个人孔,人孔中心距离工井端墙内侧不宜小于 2.5 m,人孔井圈内径应不小于 800 mm
8	封闭式工井的井盖井座	除绿化带外封闭式工井不应使用复合材料井盖,应使用标准球墨全铸铁井盖井座并配有防盗栓。井盖顶面标高应与路面标高一致
9	集水井的泄水坡度	工井底部集水井泄水坡度不小于 0.5%
10	预埋铁件及支架、立柱、吊架	供电缆敷设及运行使用的预埋铁件及支架、立柱、吊架均采用 Q235 级钢,且均应做防腐处理并可靠接地。立柱长度宜选 1.575 m,间距宜为 1 m,立柱与侧墙上的预埋铁件焊接。支架应选用 63 型支架,宽 63 mm、厚 6 mm、长度一般为 570 mm 和 700 mm,各立柱上同一层支架应在同一水平面上。上下层支架的净间距,应满足两倍所敷设电缆外径加 50 mm 的距离要求
11	拉环坑与拉环	井底应设置有布置预埋铁件中拉环的拉环坑,拉环坑内拉环的顶部不能超过工井底板

改造井适用于基于原排管再建新排管,新、旧工井连接时,旧井应敲去 500 mm 露出钢筋插入新建工井中,以保证足够的搭接长度。

25 > **工井一般采用什么样的支护形式？有哪些施工要点？**

对土石方分项工程的一般性要求见问答 13。工井一般采用钢板桩支护。开挖深度较浅的敞开式工井沟槽也可采用横、竖列板支护（图 52），施工要点参考管道沟槽支护（问答 35），其中对撑采用 7.5cm 钢管撑。

图 52 较浅的敞开式工井沟槽的横、竖列板支护

沟槽的钢板桩采用槽钢♯20 以上，长度根据沟槽挖土深度选用。当沟槽底部埋置深度 3～4 m 时，长度为 6～8 m；当埋置深度 4～4.5 m 时，长度为 7～8 m，如图 53 所示。

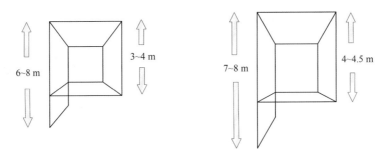

图 53 钢板桩长度与沟槽挖土深度

施工前，先根据沟槽开挖边线，开挖板桩槽，宽度为 60 cm 左右，深度应挖到本土层并暴露出地下障碍物。钢板桩采用专用设备打桩入土，如图 54 所示，板桩的插入必须顺直，严禁使用歪曲变形的钢板桩。

钢板桩排列采用咬口形式，如图 54 所示。局部地段土质较好沟槽较浅时，允许采用间隔形式，但间隔不得大于 0.8 m，如图 55 所示。打钢板桩质量要求，咬口钢板桩应咬口紧密，见表 25。每项工程的沟槽支撑方式按现场实际情况可以分多种类型，但必须通过审核批准后方可实施。

采用专业设备
打桩入土

顺直插入
钢板桩

钢板桩：
采用#20以上槽钢
不得弯曲变形

图 54 打桩入土，钢板桩咬口排列

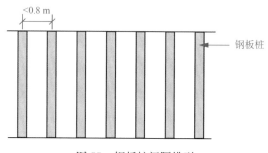

钢板桩

图 55 钢板桩间隔排列

表 25 钢板桩咬口形式

案例正确与否	特征	照片
正确	咬口紧密	
错误	咬口不紧密	

钢板桩采用 7.5 cm 钢管做对撑，水平间距 0.8～1.0 m 设置，如图 56 所示。钢管撑与钢板桩之间应设围檩确保支撑稳固，一般使用木围檩或槽钢围檩，围檩可用铁丝绑扎

固定,防止拆装时突然跌落。钢管撑的撑头与槽钢围檩接触点设木衬垫,用铁丝绑扎固定,防止脱落。特殊规格工井支撑选材根据需要另作调整。

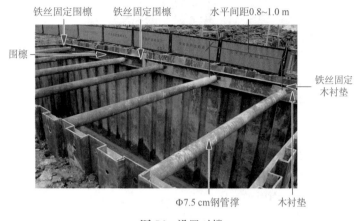

图 56 设置对撑

工井两端头处在挖土时向管道方向以放坡形式适当外挖(图 57),以防土体塌落;如受场地限制,工井两端头也应设置围护。

图 57 工井两端头处可用放坡形式适当外挖

26 > 工井模板工程中有哪些施工要点?

对模板分项工程的一般性要求见问答 15。工井模板的安装应根据先底板后墙身的浇筑程序进行施工(施工顺序见问答 23)。

工井素混凝土垫层施工完毕后,安装墙身外侧模板(图 58、图 59)。一块外模可设 4~5 道龙骨,设四道横撑,间距为 1.5 m,如图 60 所示。

工井底板及部分墙身钢筋绑扎完毕后安装底板模板与集水井的模板,如图 61 所示。工井底板支模时用钢圈尺,利用勾股定理及对角线相等原理控制水平角度。拉环坑模板与 M9 型预埋铁件(拉环)一同布置,如图 61 与图 77、图 78 所示。

工井底板浇捣完毕、混凝土抗压强度达到 1.2 MPa 后,应先检验墙身钢筋的绑扎、将墙身的 M9 型预埋铁件(拉环)与墙身外侧主筋绑扎(图 79)、清理施工缝(施工缝的设置

侧墙外模

素混凝土垫层
端墙外模
侧墙外模

图 58　工井墙身外侧模板

侧墙外模

素混凝土垫层
端墙外模
侧墙外模

图 59　使用横、竖列板支护的敞开式工井墙身外侧模板

横撑　　外模龙骨（一块模板上4~5道）

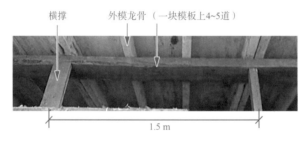

1.5 m

图 60　工井墙身外侧模板支撑

支撑

工井
集水井
模板

工井
底板
模板

工井
集水井
模板

拉环坑
模板

图 61　设置底板模板与工井集水井、拉环坑模板

如图 72 所示),再安装封闭式工井墙身内侧模板及顶板模板(图 62)或敞开式工井墙身内侧模板(图 63)。当混凝土强度达到标准值后,可依次拆除模板。

图 62　封闭式工井墙身模板及顶板模板

图 63　敞开式工井墙身模板

支立封闭式工井墙身、顶板模板及敞开式工井墙身模板时的常见注意事项见表 26。

表 26　支立墙身模板、顶板模板时的常见注意事项

序号	事项	要　求
1	复验	立模时复验钢筋保护层垫块有无散落、预埋铁件有无松动,注意预埋铁件(图 75)和预留孔(图 81)的尺寸、规格、数量和位置是否正确,如有缺陷,及时修正
2	模板的支撑	设两道顶撑,间距为 0.6 m,各道支撑用剪刀撑连接加固形成整体,防止松动、移位,支撑与模板连接平直,避免成形后的混凝土体不平整

工井内模拆除时间应控制在混凝土强度达到设计要求后再进行,无明确要求时,工井承重部分混凝土强度必须达到100%,其余部分须达到75%后再进行。侧模拆除时的混凝土强度应能保证其表面及棱角不受损坏。冬季施工时,应采取保温措施,模板和保温层应在混凝土冷却到5℃后方可拆除。拆除的模板及时整理,清除铁钉,防止伤人。模板拆除后的工井外观如图64、图65所示。

图64 模板拆除后的封闭式工井外观　　　图65 模板拆除后的敞开式工井外观

27 > 绑扎工井钢筋时有哪些施工要点?

对钢筋分项工程的一般性要求见问答16。墙身外侧模板布置完毕后,绑扎工井底板及墙身钢筋。制作底板双层钢筋时,上排钢筋用钢筋马凳垫实,确保上下层钢筋间距,如图66所示。绑扎底板钢筋时注意设置集水井的钢筋,如图67所示。工井底板及侧墙钢筋完工后如图68、图69所示。

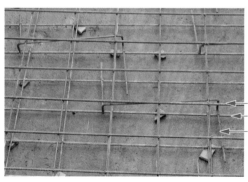

图66 双层钢筋制作

绑扎工井端墙钢筋时,注意预留方孔的设置。预留方孔即为在工井端墙上预留的与管道尺寸相吻合的方孔,以便管道接入工井。在端墙预留方孔上下侧预留与管道相

图 67　集水井钢筋绑扎

图 68　封闭式工井底板及侧墙钢筋骨架

图 69　敞开式工井底板及侧墙钢筋骨架

同规格的钢筋作为插筋，插筋的长度应大于 $35d$（d 为钢筋直径）。管道接入工井时，将管道上下钢筋与工井预留插筋绑扎。

钢筋布置绑扎成型后，及时清除遗留的杂物及施工缝（施工缝的设置如图 72 所示）周围的松动混凝土、石子。

封闭式工井的墙身内侧、顶板的模板及其上的预埋铁件布置完毕后（图 62），绑扎顶板钢筋，按照设计要求将图 62 中工井对边的弯起的主筋用钢筋连接。敞开式工井本体结构无顶板，不必绑扎顶板钢筋。敞开式工井的墙身四周应设置角钢，如图 70 所示。

设置
角钢处

角钢

图 70　敞开式工井设置角钢

28 > 工井混凝土工程中有哪些施工要点？

对混凝土分项工程的一般性要求见问答 17。浇捣工井底部的素混凝土垫层时，注意预设沟槽（图 42）以备浇筑便于在运行过程中抽出井内积水的集水井。

浇筑工井的施工顺序为先底板后墙身。底板模板（图 61）及预埋铁件（图 77、图 78）布置完毕，在经过验收后进行底板混凝土浇捣。浇筑底板混凝土时，应一次浇筑完毕。一般应利用滑槽或溜管浇混凝土，浇工井底板混凝土如图 71 所示。注意横、竖列板支护承载能力低于钢板桩，敞开式工井沟槽若使用列板支护，应使用人工推车卸料。用水准仪或全站仪检测底板的水平度。

滑槽

图 71　浇工井底板混凝土

设置混凝土底板与墙身交汇处的施工缝 U 形嵌条时，嵌条宽度不得小于 5 cm，厚度不小于 4 cm（图 72），并嵌置到位，不得缺损，以使 U 形施工缝能够正常发挥抗渗作用。

U型嵌条

≥5 cm

≥4 cm

图 72　施工缝设置 U 形嵌条

底板混凝土浇筑完毕后进行振捣。混凝土振捣由专人负责,振捣时应符合表 27 的要求。

表 27　工井底板混凝土的振捣要求

序号	事项	要　　求
1	工具	应用平板振动器(图 39)振捣底板混凝土
2	捣固时间	应控制在 25～40 s,应使混凝土表面呈现浮浆和不再沉落
3	避免碰触的地方	振捣应避免碰触模板、钢筋和预埋件

混凝土浇捣后根据气候情况做好相应的防冻和保湿养护工作。底板混凝土抗压强度养护达到 1.2 MPa,方可支墙身内模及顶模(图 62)、浇筑工井墙身及顶板混凝土。安装墙身内侧模板及顶板模板前,用人工凿除施工缝口表面的松散层,并清除杂物及松散混凝土。内模顶模支好后,再均匀铺浇一层 2 mm 左右厚的与墙身混凝土同级别的水泥砂浆(图 73)。

墙身外模　　顶板
铺浇与墙身混凝土同级别的水泥砂浆
墙身内模

图 73　均匀接浆

墙身及顶板混凝土应一次浇筑完毕,一般应利用滑槽或溜管浇筑混凝土。在浇筑混凝土之前,模板内部应清洁干净无任何杂质,模板接缝严密,不应漏浆,表面平整。墙身混凝土浇捣要分层循环连续浇捣,每层进料不宜高于 30 cm。注意在工井端墙预留与管道尺寸相吻合的方孔(图 74),以方便管道

预留方孔

图 74　连接管道的预留方孔

接入工井。墙顶板混凝土浇捣前应充分湿润模板,但模板内不得积水。

墙身及顶板混凝土浇筑完毕后进行振捣,振捣使用插入式振捣器(图 40)。振捣时应符合表 28 的要求。

表 28　工井墙身及顶板混凝土的振捣要求

序号	事项	要求
1	工具	振捣墙身及顶板混凝土应用 $\phi35$ mm 插入式振捣器
2	捣固时间	应控制在 25~40 s,应使混凝土表面呈现浮浆和不再沉落
3	振捣方式	插入时应垂直或略微倾斜插入,快插慢提,边振边提,快进慢出,杜绝漏振,保证混凝土密实度
4	避免碰触的地方	振捣应避免碰触模板、钢筋和预埋件
5	避免重复振捣	墙身混凝土浇捣时避免重复振捣,防止过多振捣而造成模板变形,使成形后的混凝土体不平整

混凝土浇捣后根据气候情况做好相应的防冻和保湿养护工作。养护的要求见问答 17。

29 > 工井的预埋铁件有哪几种?

工井的预埋铁件有 M1、M2、M3、M4、M9 五种类型,如图 75 所示,尺寸、作用及位置见表 29。部分预埋铁件在工井内的位置如图 76 所示。

表 29　工井预埋铁件的尺寸、作用及位置

预埋铁件种类	尺寸	作用	位置
M1 型	120 mm×120 mm	M1 型单侧为平面(图 75),平面上可以焊接角铁作为安装电缆支架的支点	通常布置在侧墙上,如图 76 所示
M2 型	120 mm×200 mm	M2 型单侧为平面(图 75),平面上可以焊接角铁作为安装电缆支架或吊架的支点	通常布置在侧墙或顶板上,如图 76 所示
M3 型	120 mm×200 mm	M3 型有两个面(图 75),能够贯通侧墙为电缆支架、吊架提供接地通道	通常布置在侧墙上,如图 76 所示
M4 型	200 mm×200 mm	当顶板需要安装的日字型、田字型电缆吊架上角铁较多时,使用单侧为平面而尺寸较大的 M4 型(图 75)预埋铁件代替 M2 型	通常布置在顶板上
M9 型	100 mm×200 mm	M9 型预埋铁件又称为拉环,主要用作敷设电缆时卷扬机与绳索等工具的锚定	在侧墙、端墙、底板上依据设计图设置

图 75 工井的常用预埋铁件

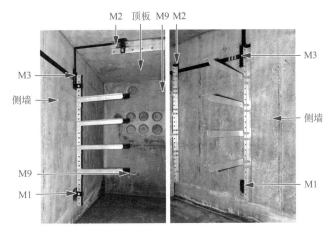

图 76 部分预埋铁件在工井内的位置

30 › **固定工井的预埋铁件时有哪些施工要点**？

按设计要求正确配置 M1、M2、M3、M4、M9 型预埋铁件。预埋铁件进场时,应检查其出厂质保单,安装前将所有的预埋件清理干净。严禁使用锈蚀严重、变形、脚头脱落松动铁件。

工井底板及部分墙身钢筋绑扎完毕后,固定底板的 M9 型预埋铁件(拉环)。M9 型预埋铁件(拉环)外套拉环坑模板放置到位,如图 77 所示。定位完毕后,使用架立筋插入拉环

图 77 布置底板的 M9 型预埋铁件(拉环)及拉环坑模板

中并与底板下排主筋绑扎连接牢固,如图 78 所示。

工井混凝土底板浇捣养护完毕后,封闭式工井在立墙身内侧模板及顶板模板(图 62)前,固定墙身的 M9 型预埋铁件(拉环)、在墙身内模及顶模上固定 M1、M2、M3、M4 型预埋铁件,并在墙身内模上开拉环的预留孔;敞开式工井在立墙身内侧模板前,固定墙身的 M9 型预埋铁件(拉环)、在墙身内模上固定 M1、M2、M3 型预埋铁件,并开拉环预留孔。

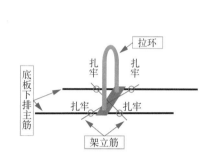

图 78 使用架立筋连接 M9 型预埋铁件(拉环)与底板下排主筋

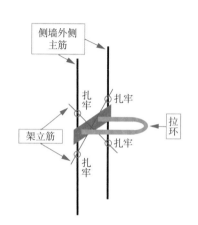

图 79 使用架立筋连接 M9 型预埋铁件(拉环)与墙身外侧主筋

侧墙与端墙的 M9 型预埋铁件(拉环)先按照设计图纸定位,再使用架立筋插入拉环中并与图 68 中墙身外侧主筋绑扎连接牢固,如图 79 所示。

按设计尺寸在模板上放样划线,复核尺寸无误后,将 M1、M2、M3、M4 型预埋铁件牢固地固定在模板上,如图 80 所示。

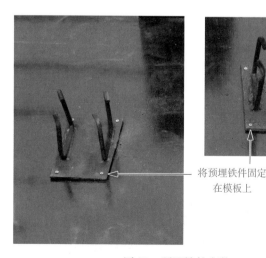

将预埋铁件固定在模板上

图 80 预埋铁件安装

将与墙身外侧主筋相连接的拉环(图 79)从墙身内模上的预留小孔中穿出,如图 81 所示。

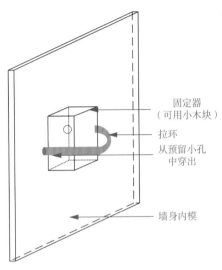

图 81　侧墙 M9 型预埋铁件从墙身内模上的预留孔中穿出

31 ＞ 封闭式工井人孔施工、敞开式工井盖板预制时有哪些注意事项?

封闭式工井人孔口升高,砖块必须浸湿,砌缝砂浆饱满,砖墙内侧用 1∶2 砂浆粉刷平整光洁,砖墙外侧用 1∶2 砂浆刮糙,如图 82 所示;48 h 后再进行井口护口素混凝土浇捣,如图 83 所示。除绿化带外不应使用图 83 中所示的复合材料井盖井座,应使用标准球墨全铸铁井盖井座(图 84)并配有防盗栓。

图 82　封闭式工井人孔砌体结构施工示意图

图 83　封闭式工井井口护口素混凝土

敞开式工井盖板为钢筋混凝土预制件,应严格按照设计图纸预制盖板,确保其尺寸与工井相匹配。盖板四周应设置角钢,盖板的上表面应设置一定数量的供搬运、安装用

图84　标准球墨全铸铁井盖井座

的拉环,如图85所示。浇筑盖板混凝土如图86所示。预制完毕的敞开式工井盖板如图87所示。

图85　设置盖板的角钢及拉环

图86　敞开式工井盖板浇混凝土

图 87 敞开式工井盖板成品正面(左)和反面(右)

盖板应不存在缺失、破损、不平整现象,应不影响行人、过往车辆安全。盖板应有电力标志、联系电话等。

32 > 工井内装饰面的施工过程中有哪些要点?

工井内装饰面施工时,施工人员上下必须使用完好无损的木扶梯,下井作业应遵守图 48 中的安全要求。焊接作业时应遵守的防火防爆安全要求如图 49 所示。

下井后清除杂物、冲洗底板,确保砂浆与底板黏合牢固不起翘,为修整工井底板做准备。工井底板、顶板修整的一般要求如图 88 所示。

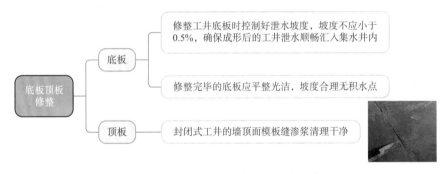

图 88 工井底板、顶板修整的一般要求

安装接地扁铁和角铁前用钢丝刷清除其表面铁锈,刷好防锈漆和调合漆。接地扁铁和角铁焊接时焊缝要饱满光洁,如图 89 所示。支架、吊架的规格和数量应符合设计要求,支架、吊架必须用接地扁铁环通(图 90),接地扁铁的规格应符合设计要求。电缆支架、吊架等电气装置的金属部分及所有外露铁件均应接地或接零。

M1、M2、M3、M4、M9 型预埋铁件(图 76)及接地扁铁的外露部分的防腐蚀处理一般注意事项如图 91 所示。

图89 焊接接地扁铁和角铁

图90 工井内支架、吊架用接地扁铁环通

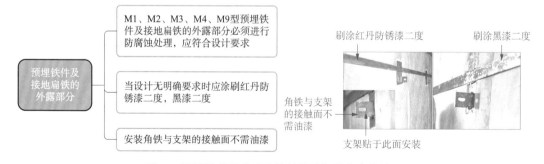

图91 预埋铁件及接地扁铁的外露部分的防腐处理

接地扁铁应采用搭接焊，按要求倍数搭接，应牢固无虚焊，且至少三个棱边焊接牢固。管道在10％以上的斜坡中，应在标高较高一端的工井内使用专用夹具将电缆与支架刚性固定，以防电缆因热伸缩而滑落。

接地装置应采用热镀锌钢材。接地棒应打在工井外侧，其上端应保证在 M3 预埋铁件下 500 mm，如图 92 所示；并用镀锌接地扁铁焊接在 M3 预埋铁件上，如图 93 所示。焊接处涂两底两面油漆。

500 mm

图 92　接地棒的位置

搭接焊，牢固无虚焊，至少三个棱边焊牢

图 93　井外接地扁铁焊接在 M3 预埋铁件上

焊接后的接地扁铁和安装角铁要求横平竖直。铲除焊疤后修补油漆，测试接地电阻，在靠近接地连接点（M3 预埋铁件）的接地扁铁处规范涂刷接地标识。在井内端墙上穿通信线缆的衬管封口处漆涂标志。

第三节·明挖法施工管道的工序及施工要点

33 明挖法施工管道的施工顺序是什么？

明挖管道的施工顺序如图 94 所示。

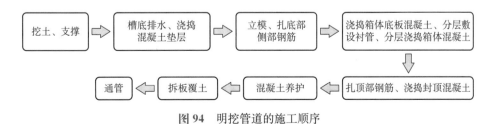

挖土、支撑 → 槽底排水、浇捣混凝土垫层 → 立模、扎底部侧部钢筋 → 浇捣箱体底板混凝土、分层敷设衬管、分层浇捣箱体混凝土

通管 ← 拆板覆土 ← 混凝土养护 ← 扎顶部钢筋、浇捣封顶混凝土

图 94　明挖管道的施工顺序

34 〉 明挖法施工管道的一般性技术要求有哪些？

明挖施工的高压电缆管道的常用形式见问答 7。管道位置及尺寸的常用技术要求见表 30。管道结构的常用技术要求见表 31。

表 30　管道位置及尺寸的常用技术要求

序号	项目	要求
1	两工井间管道走向	两座工井间的明挖管道宜成直线
2	两工井间管道长度	两座工井间管道的长度不宜超过 150 m
3	两工井间管道最大弯曲角度	两座工井间管道的允许最大弯曲角度为 2°30′(即 12 cm/每 3 m)
4	管道埋深	应符合要求,管道覆盖土深度原则上不小于 1.0 m,管道顶部覆土深度不应小于 0.7 m
5	接入工井	接入工井的管道应与工井端墙垂直
6	加设管孔	电缆管道加设管孔须得到电缆运行单位同意,要综合考虑埋深及工井容积情况

表 31　管道结构的常用技术要求

序号	项目	要求
1	结构形式	管道箱体一般为钢筋混凝土结构
2	混凝土等级	管道箱体采用 C25 混凝土浇筑,箱体底部通常铺设 100 mm 厚 C15 素混凝土垫层。固定衬管的专用垫块(管枕)使用 C25 细石混凝土预制
3	钢筋等级	主筋采用 HRB400 级、分布筋及箍筋采用 HPB300 级
4	箱体底板厚度	管枕与垫层之间的箱体底板通常厚 60 mm
5	衬管材质	管材一般选用 PVC 管
6	衬管尺寸	衬管内径不应小于 1.5 倍电缆外径,并不小于 Φ150 mm。同一排管的衬管内径选择不宜多于 2 种。衬管的常用规格见表 19
7	衬管连接方式	管材应采用承插方式连接
8	地基的承载力	土方开挖后地基的承载力应不低于 80 kPa,当地基承载力不满足要求时,应采取换填等地基处理措施
9	压实系数	回填土应分层夯实,道路下回填土的压实系数不宜低于 0.94,绿化带内不宜低于 0.87

35 〉 开挖管道沟槽一般采用什么样的支护形式？有哪些施工要点？

对土石方分项工程的一般性要求见问答 13。管道混凝土箱体沟槽的开挖深度一般小于 3.0 m，通常采用横、竖列板支撑，如图 95 所示。沟槽对侧的竖列板间应布置对撑，使用 6.5～7.5 cm 钢管撑。

图 95 横列板、竖列板示意图

横列板支撑的沟槽在挖深 1.2 m 后进行支撑。随后挖土和支撑交替进行，直至槽底设计标高。横列板应水平放置，板缝严密，板头应齐整，每块横列板不少于两块竖列板支护，确保受力均匀，横列板深度应到达沟槽底部，竖列板应插至沟槽底部，如图 96 所示。

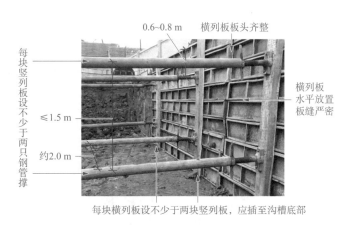

图 96 已完工列板及支撑示例图

列板支撑必须牢固，撑柱必须平直。钢管撑两头应水平，每层高度应一致，头档支撑距离地面 0.6～0.8 m，每块竖列板上应不少于两只钢管撑；钢管撑的垂直间距不大于 1.5 m，水平间距一般在 2.0 m 左右，如图 96 所示。钢管撑的钢管套筒不得弯曲，支撑应充分绞紧,上下应设安全梯严禁攀登支撑。地质情况特殊,地下管线复杂时应满堂支撑。

36 〉 管道模板工程中有哪些施工要点?

有支撑的沟槽内,立模前必须在达到设计强度50%的素混凝土底板两侧用短木方或砖块均匀分布撑牢竖列板等保护结构,如图97所示,方可拆除其上方的水平支撑。

图97 垫设砖块或短木

对模板分项工程的一般性要求见问答15。定向钻拖拉管直线敷设段也应参照明挖管道进行施工,应注意本节的要点。立模时用麻线进行直线控制(图98),模板支撑牢固,密度合理,如图99所示。模板安装完毕如图100所示。

图98 立模时用麻线进行直线控制

图99 模板需支撑牢固

与工井连接处的管道模板呈喇叭状布置,如图101所示,使浇筑的接口处管道混凝土体呈喇叭状,增强接口的张度和抗渗能力。

图 100　安装完毕的管道模板

图 101　工井与管道交接处喇叭状混凝土体

必须在管道混凝土达到设计要求后再拆除管道模板,无明确要求时,需达到混凝土设计强度的 75%。侧模拆除时的混凝土强度应能保证其表面及棱角不受损坏。

37 〉 绑扎管道混凝土箱体钢筋时有哪些施工要点?

对钢筋分项工程的一般性要求见问答 16。定向钻拖拉管直线敷设段也应参照明挖管道进行施工,应注意本节的要点。钢筋绑扎时,管道在同一断面上的环箍钢筋必须错位布置,如图 102 所示,避免构成铁磁回路。箱体顶部的箍筋(封顶钢筋)在箱体内最上层衬管排列完毕后进行绑扎。

同一构件相邻纵向受力钢筋的绑扎搭接接头宜相互错开,如图 103 所示。受拉区域内的 HPB300 钢筋绑扎接头的末端应做弯钩。

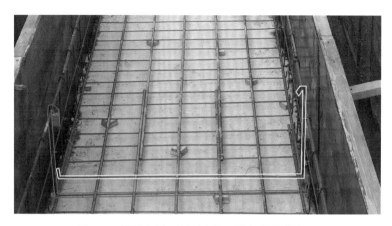

图 102　管道在同一断面上的环箍钢筋错位布置

图 103　同一段管道相邻纵向受力钢筋的绑扎搭接接头

图 104　绑扎完毕的管道底部、
侧部钢筋

管道接入工井留孔处,将管道上、下主筋与工井预留插筋绑扎。管道底部、侧部钢筋绑扎完毕如图 104 所示。

38 〉 敷设混凝土箱体内的衬管时有哪些施工要点?

混凝土箱体的钢筋混凝土底板浇捣完毕并养护至一定强度后,方可敷设混凝土箱体内的衬管(图 109)。管材进场时,应检查出厂质保单。衬管敷设前先检查管材是否有损坏,确定无误后再进行施工。定向钻拖拉管直线敷设段参照明挖管道进行施工,可参考本节的要点。

衬管必须分层敷设,即包封下一层衬管的混凝土已浇捣完毕并养护至一定强度后,再在其上方排列上一层衬管。相邻管材接头要错开,不能在同一断面上,如图105所示。

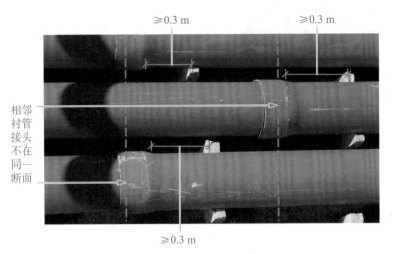

图105 衬管接头位置示意图

管材接口应严密。管材应采用承插式接口(图106)。衬管用专用垫块(管枕)固定(图107),管枕纵向的间距不得大于1.2 m(图13—图18)。3 m长衬管使用管枕不少于3块,分层放置,管枕不得放置在管材接头部位,与接头之间的距离不小于300 mm,如图105所示。管材间上下两层的管枕应错开放置。按设计要求设置衬管的相互间距,一般情况下,Φ150 mm内径衬管

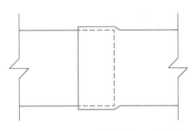

图106 承插式管材接口示意图

的水平间距230 mm,垂直间距240 mm(图16);Φ175 mm内径衬管的水平间距260 mm,垂直间距260 mm(图17)。

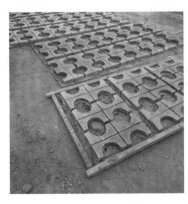

图107 专用垫块(管枕)(左),衬管用专用垫块固定(右)

衬管敷设应从连接一座工井的一端开始到连接另一座工井的一端结束,避免从两

图 108 在工井端墙内模上设置喇叭口

端开始到中间结束。管材相接必须严密,如管道因避让管线而产生折角,须将相接管材按折角角度进行切割,切割后的管口内侧必须倒角清除毛刺;同时用铁牛进行试通,确定顺畅无误后,方可浇混凝土。每节管材允许有不大于 $2°30'$ 的折角。

管道进井需在工井端墙内模上按设计孔数排列尺寸要求先设置专用喇叭口,如图 108 所示,固定衬管位置。衬管进入工井后,预留方孔外边缘与工井顶板、底板、墙身内壁的距离应符合设计规定。如无明确规定,应不小于 20 cm。

39 〉 分层浇捣管道混凝土箱体时有哪些施工要点?

对混凝土分项工程的一般性要求见问答 17。定向钻拖拉管直线敷设段也应参照明挖管道进行施工,应注意本节的要点。在浇捣管道外包混凝土之前,应将工井留孔(图 74)的混凝土接触面凿糙,并用水泥浆冲洗。

排列衬管前应先浇捣箱体的钢筋混凝土底板。其厚度一般为 60 mm,如图 17 和图 18 所示。箱体底板养护至一定强度后,方可在其上方敷设混凝土箱体内的衬管(图 109)。

混凝土浇捣前先用专用管枕将衬管卡牢,防止衬管在施工过程中移位。下方设置管枕确定衬管的铺设位置。为防止衬管在浇混凝土时上浮,除最上排的衬管(上方有封顶钢筋)外,衬管上方也需设置管枕。利用管枕重力平衡浮力时使用混凝土管枕(图 109)。当浮力较大,管枕重量不足以将其平衡时,可使用预埋的铁丝

管道箱体钢筋混凝土底板

图 109 在箱体的钢筋混凝土底板上设置管枕、排列衬管

固定木质管枕将衬管卡住(图 110),待混凝土达到初凝时,将木质管枕取出。取出木质管枕后的空隙,在浇捣上一层衬管的混凝土时可被填补。

管道浇混凝土分层浇捣(图 111),即包封下一层衬管的混凝土已浇捣完毕并养护至一定强度后,再在其上方排列上一层衬管,然后浇捣包封上一层衬管的混凝土。

图 110 混凝土浇捣前使用木质管枕将衬管卡牢固

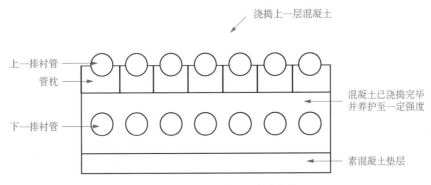

图 111 管道浇混凝土分层浇捣

　　用于浇筑管道的混凝土运至沟槽边,由人工卸料摊铺均匀后,用 220 V 振动棒振捣,使之密实。在采用插入式振捣时,混凝土浇筑的厚度是振捣器作用部分的 1.25 倍。振捣应符合表 32 的要求。

表 32　管道箱体混凝土的振捣要求

序号	事项	要求
1	工具	插入式振捣器(图 40)应采用 Φ25 mm 的手提式振捣器
2	捣固时间	应控制在 25~40 s,应使混凝土表面呈现浮浆和不再沉落
3	振捣方式	插入式应垂直或略为倾斜插入,快插慢提,边振边提
4	避免碰触的地方	振捣应避免碰撞模板、钢筋
5	防止漏振或过度振捣	由专人负责振捣,防止漏振或过度振捣,避免衬管变形及移位

　　管道浇混凝土特别要注意与工井交汇处的混凝土浇捣,工井与管道处的落差部位

必须用混凝土充填,工井与管道交接处混凝土体成喇叭状(图 101),增强接口的张度和抗渗能力。

封顶钢筋按设计要求及规范设置绑扎,完工后如图 112 所示。封顶混凝土摊铺平整后用插入式振捣器(图 39)振捣密实,再进行砂浆抹面,使混凝土面层平整光洁,如图 113 所示。管道混凝土浇捣完毕后(图 113),根据气候,做好防冻保湿养护工作(图 114)。混凝土的养护措施见问答 17。

图 112 绑扎封顶钢筋

图 113 浇捣完毕后的管道　　　　　图 114 混凝土体的防冻保湿养护

第四节·水平定向钻进拖拉法施工管道的工序及施工要点

40 > 定向钻拖拉管的施工顺序是什么?

定向钻拖拉管的非开挖施工顺序如图 115 所示。其中,管道组装、管道牵引头连接可与导向孔钻进并行施工,但应保证在扩孔、清孔完成前组装、连接完毕,并做好回拖准备。

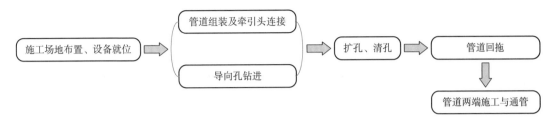

图 115 定向钻拖拉管的非开挖施工顺序

导向孔钻进、扩孔、清孔、管道回拖的基本施工过程(图 116)为:

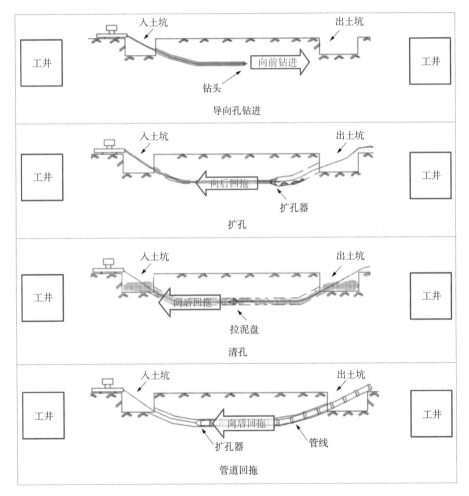

图 116 电缆排管工程中的水平定向钻进拖拉法施工过程简图

(1)安装于地表的水平定向钻机以相对于地面较小的入射角钻入地层后,在不同地层和深度以可控钻进轨迹的方式进行钻进,并通过控向系统导向抵达设计位置来形成导向孔；

（2）然后通过回拖扩孔器扩孔，将导向孔孔径逐步扩大到所需要的大小，并清孔；

（3）再回拖铺设管道。

41 〉 水平定向钻进拖拉法施工管道的一般性技术要求有哪些？

定向钻拖拉管轨迹的常用技术要求见表33。在图117中给出定向钻拖拉管的典型纵断面图，A 表示根据定向钻拖拉管最低点与出土点高差确定的出、入土水平最小距离；B 表示其与河床底部最小保护距离，C 为其与其他市政管线的最小保护距离，L_1 表示定向钻拖拉管穿越的河道水平距离，L_2 表示其穿越的道路水平距离，定向钻拖拉管的水平距离 $X = 2A + L_1 + L_2$。

表 33　定向钻拖拉管轨迹的常用技术要求

序号	项目	要　　求
1	定向钻拖拉管的设置	与明挖管道相比，定向钻拖拉管的轨迹更为复杂一些，不应设置连续三段及以上的定向钻拖拉管
2	覆土深度	穿越公路、铁路、河流敷设管道时的最小覆土深度应符合相关行业标准的规定，当无标准规定时，管道敷设的最小覆土深度应大于钻孔的最终回扩直径的6倍； 与河床底部最小保护距离一般大于 3 m，通航河道要求大于 5 m； 在满足覆土要求和管线交叉保护距离的要求下，拖拉管埋深应尽可能浅
3	与其他市政管线的最小保护距离	应根据相关规范规程确定
4	定向钻拖拉管的水平距离	推荐不宜超过 150 m
5	出、入土位置	拖拉管出、入土角不宜太大，宜控制在 8°～20°；入、出土点的误差应在 0.5 m 范围内

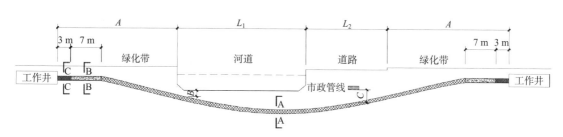

图 117　定向钻拖拉管的标准纵断面图

定向钻拖拉管结构的常用技术要求见表34。

表 34　定向钻拖拉管结构的常用技术要求

序号	项目	要 求
1	直线敷设段的横断面	在拖拉管两端各约 10 m 的水平段将拖拉管圆形断面转变为矩形断面,两侧孔位应对应
2	直线敷设段的结构	拖拉管两端管道应各留 10 m 左右平行接入工井,其中靠近工井的 3 m 范围内,应使用钢筋混凝土将其浇筑为明挖管道式结构,其余 7 m 为过渡区,应使用 C25 素混凝土封包管道
3	衬管材质	电缆保护管应选用 MPP 管
4	衬管尺寸	管材内径和壁厚根据电缆直径和定向钻拖拉管的水平距离进行选择,常用管材的规格可参考表 20
5	衬管连接方式	管材之间的连接采用热熔焊
6	回扩孔直径	应不大于 1.2 m,每孔最多拖管 12 孔。一般情况下 200 mm 内径的管材 7 孔一束推荐回扩孔直径取 800 mm,10 孔一束推荐回扩孔直径取 1 000 mm;对管道的沉降量有较高要求时,回扩后孔径与待敷设管道直径之比宜取小值
7	回扩孔数目	回扩孔的数目不超过 3 孔
8	管孔内部	拖拉管回拖完成后,管孔内应无积水、石子等杂物
9	预留绳索	管孔内预留绳索用于电缆敷设,绳索两端一一对应,并做好标记
10	抢修备用孔	应预留不少于 1 个抢修备用孔

以 21 孔定向钻拖拉管为例,在图 118 中给出其横断面图。图 118(a)的 A - A 断面图中,d 为管材内径、t 为壁厚,D 表示回扩孔直径。在拖拉管两端各约 10 m 的水平段将拖拉管圆形断面转变为矩形断面,排列变成 3 排,如图 118(b)(c)的 B - B、C - C 断面图所示。其中靠近接收工井的 3 m 处采用与明挖管道做法相同的钢筋混凝土将 MPP 管浇筑在内,如图 118(b)的 B - B 断面图所示;剩余 7 m 为拖拉管圆形断面与矩形断面的过渡区,采用 C25 素混凝土将 MPP 管浇筑在内,如图 118(c)的 C - C 断面图所示。

断面图中的管距应根据实际选用电缆保护管的尺寸确定。具体的纵断面形式、断面尺寸及构件细节应以土建施工蓝图为准。

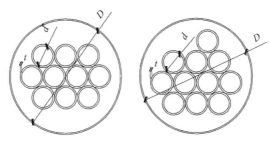

(a) A - A 断面图(21 孔)

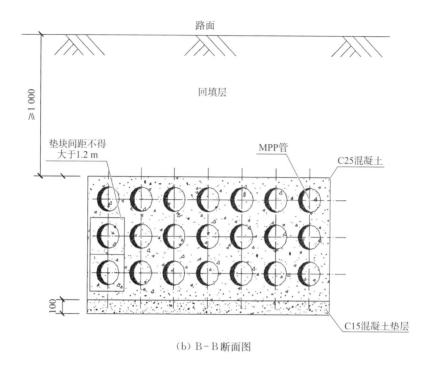

（b）B-B断面图

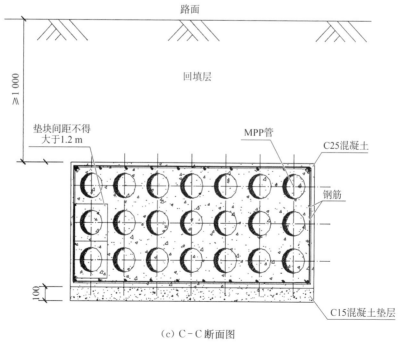

（c）C-C断面图

图118 21孔定向钻拖拉管标准断面图

42 > **布置定向钻拖拉管的施工场地时有哪些注意事项**？

　　施工放样与勘察（见问答 13）完毕后，平整起始端施工场地及接收端施工场地、管道组装场地。加固施工机具放置的位置。在施工场地边界设置安全围栏（图 119、图 120），如有控制噪声的需求，应设置隔音屏。

图 119　定向钻进起始端施工场地示例

图 120　定向钻进接收端施工场地示例

　　在起始端施工定向钻进的入土坑（图 119）、在接收端施工定向钻进的出土坑（图 120）。如需开挖其他工作坑（如起始端、接收端的回收钻进液坑等），亦进行施工。对入土、出土坑位置的一般要求如图 121 所示。钻进液回收设备应布置在便于回收钻进液的位置。钻进液储备装置设置在钻进液配制设备旁。

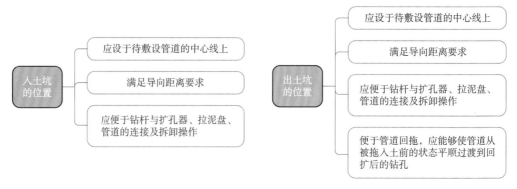

图 121　对入土、出土坑位置的一般要求

应严格按照设计图纸施作工作坑槽。深度大于 1.5 m,面积大于 4 m² 的坑槽宜采用放坡开挖或直槽断面支护的形式。坑槽的施工要求参见土石方工程的一般要求(问答 13)。钻进液储备装置应进行围护,若布置了回收钻进液坑,其坑底及周边也应进行围护。

43 ＞ 施工设备入场就位的过程中有哪些注意事项?

施工场地布置完毕后,钻进液系统、钻机、控向系统等按事先规划好的位置有序进入施工场地,安装调试。钻机与钻进液系统应匹配。钻进施工开始前需要预备一定量的钻进液。钻进液的简介及对其的要求见问答 44。

钻机和控向系统的配置要求见问答 45。钻机应安装在待敷设管道中心线延伸的起始位置,应按照设备厂家规定锚固牢固。根据钻机倾角指示装置调整机架,将钻机倾角调整到设计规定的入土角,如图 122 所示,使机架方位符合设计的管道中心线。

图 122　调整钻机倾角

钻机就位后的调试工作如图 123 所示。设备就位后的施工场地如图 119 与图 120 所示。

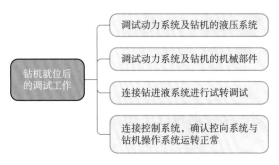

图 123　钻机就位后的调试工作

44 > 钻进液是什么？对钻进液一般有哪些要求？

钻进液又称钻进泥浆，是由水和膨润土或聚合物等处理剂调制成的混合液体，其主要作用如图 124 所示。其具体配方视施工区域的土质条件而定，适用于不同土质的钻进液成分可能不同。钻进液中精制膨润土的含砂率应低于 3%。应严格按照厂家规定的步骤，在专用的搅拌器和搅拌池中配制钻进液。浸泡的时间须长于 16 h，搅拌须充分。

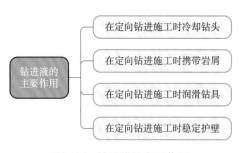

图 124　钻进液的主要作用

为了保证钻进液能够正常发挥作用，施工过程中通常需要将钻进液的黏度、失水量、密度、pH 值控制在一定范围内。钻进液的黏度用马氏黏度衡量，钻进液马氏黏度根据地质情况按表 35 确定。

表 35　钻进液的马氏黏度

项目	管径	地　　层					
		黏土	粉质黏土	粉砂、细砂	中砂	粗砂、砾砂	岩石
导向孔	–	35～40	35～40	40～45	45～50	50～55	40～50
扩孔及回拖	Φ426 mm 以下	35～40	35～40	40～45	45～50	50～55	40～50
	Φ426～Φ711 mm	40～45	40～45	45～50	50～55	55～60	45～55
	Φ711～Φ1 016 mm	45～50	45～50	50～55	55～60	60～80	50～55
	Φ1 016 mm 以上	45～50	50～55	55～60	60～70	65～85	55～65

注：一般情况下，表中的地层为钻进过程中钻头到达的地层。

钻进液的失水量在普通地层宜控制在 10～15 ml/30 min，在松散地层及水敏感易坍塌地层宜控制在 5 ml/30 min 以下。使用标准的气压式失水量仪即可进行检测。

钻进液的密度应控制在 1.02～1.25 g/cm³ 之间,使用标准泥浆密度计和密度秤即可进行测量。钻进液的 pH 值参照《管线定向钻进技术规范》DG/TJ 08—2075—2010 的规定,控制在 8～10。

45 › 对水平定向钻机与控向系统的配置一般有哪些要求?

按照设计要求,根据钻机的性能要求及应用范围(表 36)选用合适的设备。

表 36 钻机的性能要求及应用范围

类型	扩孔直径/mm	铺管长度/m	铺管深度/m	扭矩/(kN·m)	钻机自重/t	推、拉力/kN	应用范围
小型	75～375	≤180	≤4.5	1～1.3	2～9	90	穿越河流、道路、铁路和环境敏感地区
中型	375～1 200	≤270	≤22.5	1.3～13.6	9～18	90～450	

注:考虑到钻进施工的复杂实际情况,所选设备的能力至少为所需的 1.3 倍以上。

按照设计要求,根据不同的土层类别选取不同种类的导向钻头(表 37)。铲形钻头如图 125 所示。用于钻进砂、砾石层的镶焊硬质合金钻头如图 126 所示。一般情况下,可令钻杆直接带动钻头旋转。钻进砂、砾石层的钻头宜配备动力强劲的泥浆马达,由泥浆马达带动钻头旋转。钻杆如图 127 所示,对钻杆的一般要求见表 38。

表 37 不同种类导向钻头的适用范围

土层类别	钻头类型
淤泥质黏土	较大掌面的铲形钻头
软黏土	中等掌面的铲形钻头
砂性土	小锥形掌面的铲形钻头
砂、砾石层	镶焊硬质合金,中等尺寸弯接头钻头

图 125 铲形钻头

图 126 镶焊硬质合金的钻头

图 127   钻杆

表 38   对钻杆的一般要求

序号	事项	要 求
1	型号与规格	钻杆的型号、规格应满足设计要求,并与表 35 中钻机的扭矩、推、拉力性能相匹配
2	平顺程度	钻杆应平顺,其曲率半径不小于其外径的 1 200 倍,不得使用弯曲及有损伤的钻杆
3	螺纹丝扣	钻杆的螺纹丝扣应洁净,旋扣前应在其表面涂丝扣油
4	不得混入杂物及土体	钻杆内不得混入杂物及土体,以防堵塞钻机中喷钻进液的喷嘴

    控向系统的种类及主要设备如图 128 所示。控向系统应根据所穿越障碍物类型、钻进轨迹的深度、现场探测条件、机型及钻机类型来选用。在高压电缆排管工程中,通常情

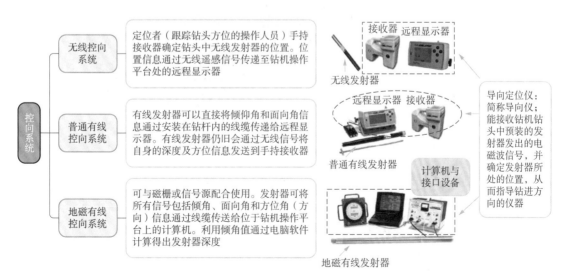

图 128   控向系统的种类及主要设备

况下,无线控向系统能满足常规水平定向钻穿越工程的需要,但当地下情况较为复杂时,为保证施工的成功率及准确度,应采用有线式控向系统。

46 ⟩ 组装待敷设的管道、连接牵引头时有哪些施工要点?

定向钻拖拉管施工的管道组装场地一般要求见表39。

表 39　定向钻拖拉管管道组装场地的一般要求

序号	要　求
1	管道组装场地宜设置在待敷设管道中心线的延长线上,如图120所示。应同时满足敷设管道的总长度要求与管道组装作业的要求
2	如场地有限不能满足直线布管时,管道组装后的曲率半径应满足材料性能的要求

管材进场时,应检查出厂质保单。管道组装前应检查管材是否有损坏,确定无误后再进行组装,待组装的管材如图129所示。

图 129　组装管道的管材

组装管道的衬管材质应统一。组装预制 MPP 衬管时应全线焊接。使用专用工具对齐待焊接的管材,使其在同一轴线上,焊接前应刨平待焊接的两段管材的管口接触面,如图130所示;MPP 管应采用对接热熔焊接,如图131所示。

在热熔焊接管材的过程中,应对焊接处进行检查。MPP 衬管焊接的一般要求见表40。

图 130 刨平两段管材的管口接触面

图 131 对接热熔焊接 MPP 管

表 40 对定向钻拖拉管的 MPP 衬管焊接的一般要求

序号	事项	要 求
1	翻边的宽度	焊接翻边的宽度不应超过平均值的±20 mm
2	焊缝处整平	应使用专用工具将衬管内壁热熔焊缝处的凸出部分整平,以免电缆在管内敷设时受到损伤
3	焊接面的强度	管材焊接面的强度不应低于管材本体的强度

衬管中应预留通管所用的牵引绳(图 132),在一孔中敷设由多根衬管组成的管道时,需对衬管编号挂牌以对应管位。牵引绳必须为坚固结实的尼龙绳,严禁使用钢丝绳作为牵引绳。

牵引绳

图 132 管道中预留的通管牵引绳

采用内嵌式或外套式装置密封连接 MPP 衬管与衬管牵引头,再使用连接件将衬管牵引头与管道牵引头连接,如图 133 所示。为将多根衬管敷设在一个孔中,需均衡布置多管的衬管牵引头(图 133);使多根衬管能够同时被牵引,并应使得泥浆在拖管时能够均匀回流填充在各根衬管间的空隙中。

图 133　管道与管道牵引头的连接示意图

47 ＞ 水平定向钻拖拉法中的导向孔是什么? 钻进导向孔时有哪些施工要点?

导向孔是定向钻进施工时按设计轨迹钻进最初(首次)形成的小口径钻孔。钻进导向孔的示意图如图 134 所示。

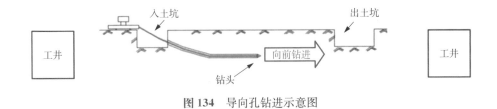

图 134　导向孔钻进示意图

开始钻进前,需根据穿越土层的类别参考表 36,选取合适的导向钻头。对钻杆旋转方向的要求如图 135 所示。

图 135　钻杆旋转的方向

钻进的轨迹分为造斜段与直孔钻进段,如图 136 所示,造斜段又分为斜直线段、曲线段。应按照设计图纸确定的轨迹施工。管道埋深由设计部门根据现场实际情况依据规范和有关部门的要求得出,可参考问答 41 中的相关内容。

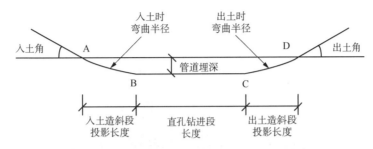

图 136　水平定向钻施工的导向孔轨迹示意图

出、入土位置的要求见表 33。钻进导向孔时的一般要求见表 41。

表 41　导向孔钻进的一般要求

序号	事项	要　求
1	试运转钻机	钻进前应先带钻进液试运转钻机,确定各系统运转正常后方可钻进
2	首根钻杆入土	第一根钻杆钻入土时,推进力不应过大、转速不应过快,注意稳定入土点的位置。确认钻杆的倾角符合设计的入土角后方可实施钻进
3	钻进液注入	导向孔钻进时,应及时向孔内注入钻进液。必须监控所配置钻进液的黏度、失水量、密度、pH 值等参数,确保注入孔内的钻进液性质稳定,满足规范要求(见问答 44)。若孔内情况改变,可调整钻进液的参数
4	钻进液回收	回收的钻进液通过循环利用设备处理后可循环利用
5	造斜段钻进方式	钻进造斜段时,宜一次钻进 0.5~3 m,分段钻进,施工中应对倾斜角进行控制,使其变化均匀
6	钻进轨迹控制	在造斜段每 0.5~3 m 应测量一次钻头内传感器的倾角(上下控制)、方位角(左右控制)及深度,在直孔钻进段可每 3~5 m 测量一次,并应用控向系统根据所测参数计算出测量点的位置(即钻头中预装发射器的位置),然后结合设计资料进行复核,以控制钻进轨迹
7	稳定钻进	定向钻施工过程中保持推力均匀、钻头匀速钻进,应根据土层条件选择钻进液压力和流量,并保持稳定的泥浆流
8	误差	偏离轨迹的误差不得大于钻杆直径的 1.5 倍,如不满足应退回纠偏,有问题及时与设计单位沟通
9	推进力	应按地层条件确定推进力,特别在造斜段的曲线段严禁钻杆发生过度弯曲,钻杆受力必须满足其强度要求
10	异常情况处理	如在钻进过程中突遇振动、卡钻、扭矩变化等异常情况,应立即停止钻进,在查明问题并将其解决后方可继续钻进
11	邻近其他管线时	钻至与导向孔轨迹在水平面投影上相交叉的邻近管线前应减缓钻进速度,并检验钻进轨迹,测算与该管线的距离,确认符合设计要求后再正常钻进

其中导向孔钻进的入土侧现场如图 137 所示,到达出土坑时如图 138 所示。无线控向系统需由施工人员使用手持式接收器探测钻头的位置,如图 139 所示。有线式控向系统可直接通过安装在钻杆内的线缆传递钻头的方位信息。

图 137 导向孔钻进的入土侧现场

图 138 导向孔钻进的出土侧现场

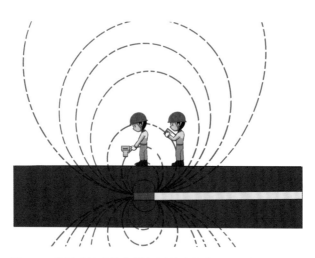

图 139 使用手持式接收器探测钻头的位置(无线控向系统)

沿钻杆输送的钻进液通过钻头的喷嘴(图 138)注入孔内,如图 140 所示。钻进液裹挟着钻头切削下的土体再被回抽至起始端的钻进液回收设备,如图 140 所示。

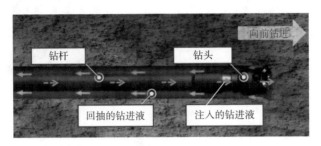

图 140　钻进导向孔时钻头处的情况

土层的变化可根据阻力大小判断。压力和流量可根据钻头中传感器的反馈及回抽的钻进液中含土体的多少来调整。

48 〉 水平定向钻拖拉法中的扩孔是什么? 扩孔的过程中有哪些施工要点?

扩孔是在导向孔形成后将孔径扩大到设计施工要求孔径的施工过程,示意图如图141 所示。

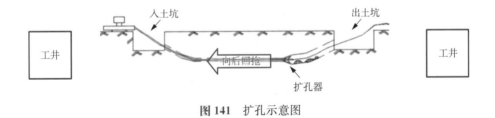

图 141　扩孔示意图

不同的扩孔器适用于不同的地层,见表 42。各种扩孔器的示例如图 142 所示。

表 42　适用于不同地层的扩孔器

扩孔器类别	适用地层
挤压型	松软的土层
切削型	软土层
组合型	地层适用范围广
牙轮型	硬土和岩石

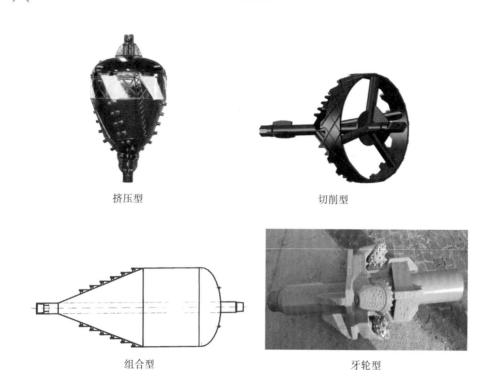

挤压型 切削型

组合型 牙轮型

图 142 不同类型的扩孔器示例

同一类型的扩孔器还有着不同的规格,图 143 展示了不同规格的牙轮型扩孔器。

图 143 不同规格的牙轮型扩孔器

可根据不同的地层参照表 42 配置不同类型的扩孔器。施工时对钻杆旋转方向的要求如图 135 所示。扩孔施工的一般要求见表 43。

其中,逐级扩孔的施工现场如图 144 所示。一般情况下,多根 200 mm 内径 MPP 管所组成的衬管束(图 133)外径较大,若土层为中砂、粗砂或砂砾土,宜逐级扩孔。对最终成型的回扩孔直径的一般要求见表 34。

表 43　扩孔施工的一般要求

序号	事项	要　　求
1	及时回扩	完成导向孔钻进后应及时拆卸导向钻头,换装扩孔器进行回拖扩孔
2	扩孔方式选择	应根据管道管径、设备能力、地质条件选择是一次扩孔成型,还是从小到大依次使用不同规格的扩孔器,将孔逐步扩大到要求的尺寸; 管道管径越大或设备能力越小,需要逐步扩孔的次数就越多
3	钻进液注入	钻进液的成分及其形成的泥浆流的状态对扩孔施工的安全与质量有着极大影响; 扩孔施工时,应及时向孔内注入钻进液。必须随时根据土层性质和成孔稳定性控制钻进液的黏度、失水量、密度、pH 值等参数,配制满足规范要求(见问答 44)的适用的钻进液; 钻进液的黏度应随时调整,以保证孔壁在回扩过程中保持稳定,黏度可参考表 35
4	钻进液回收	回收的钻进液通过循环利用设备处理后可循环利用
5	稳定钻进	扩孔施工应控制钻进液的压力和流量,保持稳定的泥浆流

图 144　使用不同规格的扩孔器逐级扩孔

　　沿钻杆输送的钻进液通过扩孔器上的喷嘴(图 144)注入孔内,钻进液裹挟着扩孔器切削下的土体再被回抽至接收端的钻进液回收设备,如图 145 所示。

图 145　扩孔钻进时扩孔器处的情况

49 水平定向钻拖拉法中的清孔是什么？清孔的过程中有哪些施工要点？

将一个直径较小的扩孔器——拉泥盘从出土坑到入土坑沿回扩完毕的孔洞回拖一遍，即为清孔，如图146所示。

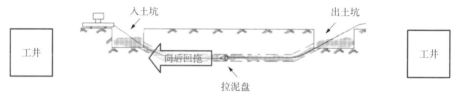

图146　清孔示意图

扩孔完毕后，开始清孔施工。清孔的拉泥盘直径通常比所扩孔的孔径小、比待敷设管道的直径大。该工序的主要目的是拉出孔内残留的碎屑土，使孔内更加光滑圆顺，便于管道的回拖敷设。管道回拖前宜根据实际情况清孔一次或多次。

与扩孔时相同，应沿钻杆向切削土体处注入钻进液，如图147所示。钻进液裹挟着扩孔器切削下的土体再被回抽至接收端的钻进液回收设备。钻进液的参数、压力及流量须能够维持孔壁的稳定。

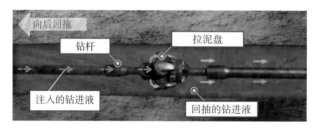

图147　清孔时拉泥盘处的情况

50 对管道回拖一般有哪些要求？

管道回拖是扩孔完成后将待敷设管道从钻进出土坑回拖至入土坑的施工过程，如图148所示。对管道回拖的一般要求见表44。

其中钻杆、扩孔器、旋转万向节、管道牵引头的连接顺序如图149所示，旋转万向节可防止管道束在敷设时发生扭转、避免一孔敷设多根管道时管道互相缠绕，必须保证其能够自由转动。管道入土如图150所示；管道出土如图151所示。

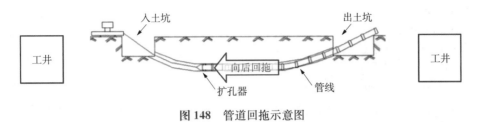

图 148 管道回拖示意图

表 44 对管道回拖的一般要求

序号	事项	要 求
1	及时回拖	扩孔、清孔完毕后应立即回拖管道
2	回拖前检查	回拖前应先检查管道的长度、焊接质量等是否满足要求。确认连接后的钻杆、扩孔器、旋转万向节、管道牵引头等各个部件安全可靠,然后试供钻进液,检查钻进液的通道是否通畅
3	回拖过程	管道回拖时应及时向孔内注入钻进液。管道在回拖过程中应连续施工,若拉力、扭矩发生较大波动应控制回拖的速度。MPP 管应全线焊接后一次回拖到位
4	牵引力	实际作用于衬管牵引头的牵引力不得大于管材的允许拉力
5	一孔中的衬管数量	应按照设计要求及施工机具的能力决定敷设在一孔中的衬管数量,不应分多次将过多衬管硬挤入孔洞中
6	衬管束的扭转	在旋转万向节的作用下,衬管束的扭转不应过大。一束(多根)衬管在一孔中敷设完毕后,人、出土处同一管位的扭转,在垂直面的偏差不应大于其 1/2 管径,即与入土处相比,出土处同一管位衬管的横断面不应旋转超过 180°
7	注浆加固	回拖到位后,必须注浆加固孔洞与管壁之间及各衬管之间的空隙,预防沉降;管道埋深较深导致管道较长时,为使得固化泥浆能够充满整个孔洞,应在衬管外预设注浆管,并与整段管道一同回拖; 固化泥浆配制及充填的工艺要求应参照上海市《地基处理技术规范》DG/TJ 08—40 的相关规定

图 149 钻杆、扩孔器、旋转万向节、管道牵引头的连接顺序

图 150 管道入土(进入导向孔钻进时的出土坑)

图 151 管道出土(到达导向孔钻进时的入土坑)

51 〉 拖拉管两端施工及疏通衬管的过程中有哪些要求?

　　管道回拖完毕后,应拆卸管道牵引头,及时封包衬管两端。各种钻进设备须撤离施工场地。应及时清理施工残留的泥浆、渣土及其他废弃物。泥浆应经过必要的处理后方可排放。

　　出、入土坑两侧各预留约10 m的直线敷设段来与两侧工井连接。拖拉管的管位应与工井中的管位一一对应。对定向钻拖拉管直线敷设段的一般要求见表34及图117、图118。拖拉管两端直线段开挖沟槽、支模板、绑扎钢筋、浇捣混凝土的施工可参考明挖管道。

　　起始端、接收端工作坑槽的覆土回填见土石方工程的一般性要求(问答13)。管两侧工井内管口应与井壁齐平。衬管敷设完毕后,必须用预先布置在管内的牵引绳牵引衬管疏通器(铁牛)进行通管,根据不同的管径使用不同的疏通器进行双向疏通。对通管工序的具体要求参见问答19。

第三章

高压电缆排管工程的测绘

第一节 · 测绘的基本要求

52 〉 **高压电缆排管测绘的基本流程是什么**?

高压电缆排管测绘的基本流程如图 152 所示。其中外业、内业的定义见问答 8。

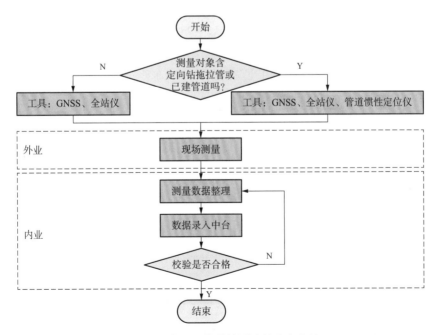

图 152 高压电缆排管测绘的基本流程

53 > 对高压电缆排管测量点的布置一般有哪些要求？

明挖施工的管道在箱体成型后、覆土前进行跟测，其测量点布置的一般要求如图
153 所示。水平定向钻进拖拉管的测量点布置一般要求如图 154 所示。工井测量点布
置的一般要求如图 155 所示，其中封闭式工井应在覆土前进行跟测。

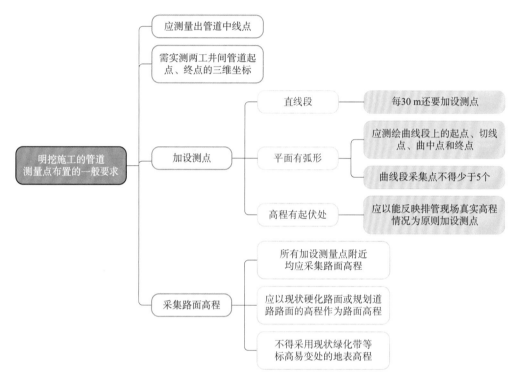

图 153　明挖施工电缆管道的测量点布置一般要求

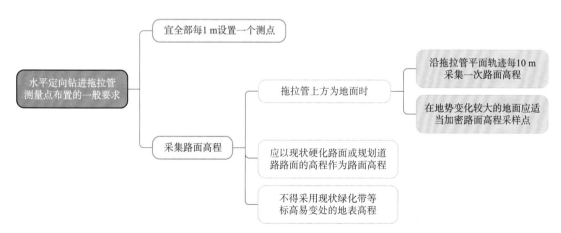

图 154　水平定向钻进拖拉管的测量点布置一般要求

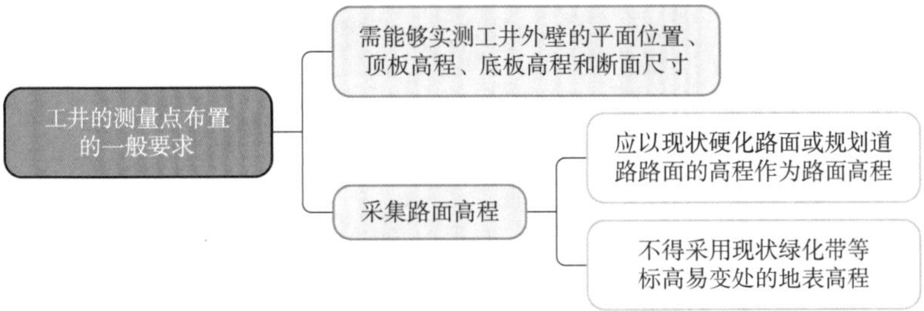

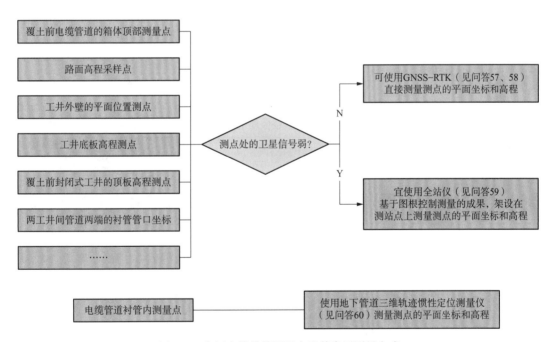

图 155　工井的测量点布置一般要求

54 高压电缆排管测量点一般有哪些？常用什么方式得出其坐标？

高压电缆排管测量点及其常用测量方式如图 156 所示。图 156 中，有关全站仪的测量方法见问答 66—问答 71。

图 156　高压电缆排管测量点及其常用测量方式

55 对高压电缆排管测量的精度一般有什么要求？

对高压电缆排管测量精度的一般要求见表 45。

表 45　对高压电缆排管测量精度的一般要求

序号	测量点	要　求
1	平面控制点	可使用平面图根点。精度应符合现行国家标准《工程测量标准》GB 50026,应不低于图根平面控制测量精度要求
2	高程控制点	可使用平面图根点。精度应符合现行国家标准《工程测量标准》GB 50026,应不低于图根高程控制测量精度要求
3	明挖施工管道的箱体上测点	相对于附近图根点,点位平面中误差应不大于±10.0 cm,高程中误差应不大于±5.0 cm
4	定向钻拖拉管内测点	测量精度应满足表 46 的要求
5	两工井间管道两端的管口	惯性定位测量前,应测定管道两端管口的坐标。参照《城市地下管线探测技术规程》CJJ 61—2017 中明显管线点测量精度要求:相对于附近图根点,管口中心的平面点位测量中误差应不大于±5.0 cm。管口中心的高程测量中误差应不大于±3.0 cm
6	路面高程采样点	可采用三角高程测量的方式或 GNSS 直接测量进行采集,高程中误差应不大于±5.0 cm

注:1. 图根测量及图根点的定义见表 51。
　　2. 中误差的定义见问答 74。

表 46　地下管道三维轨迹惯性定位测量精度要求

测量管段长度/m	平面位置中误差/mm	高程中误差/mm
L≤100	≤125	≤75
L>100	≤L×0.125%	≤L×0.075%

第二节 · 常用的测绘工具

56 〉 高压电缆排管测绘的常用工具有哪些?

高压电缆排管测绘的常用工具如图 157 所示。

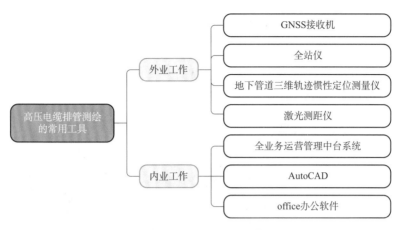

图 157 高压电缆排管测绘的常用工具

57 > GNSS 是什么？GNSS 接收设备是什么？有哪些优缺点？

GNSS(global navigation satellite system)即全球导航卫星系统,为在全球范围提供定位、导航和授时服务的卫星系统的统称,泛指所有的卫星导航系统,如图 158 所示。

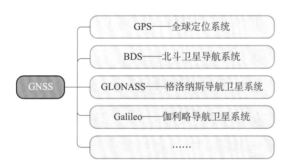

图 158 GNSS 包括的卫星系统

GNSS 能在地球表面或近地空间的任何地点为用户提供全天候的三维坐标、速度以及时间信息。GNSS 的大致组成如图 159 所示。其中,GNSS 接收设备主要由接收机和手簿组成(图 160),接收机用于接收卫星信号,手簿则用来进行测量操作并存储数据。

图 159 GNSS 的大致组成

地面控制部分处理和传输卫星观测数据,计算出卫星的轨道和时钟参数,再将导航数据的计算结果及指令输入卫星。GNSS 接收设备的主要功能是按照一定的卫星截止角选择待测卫星,并跟踪这些卫星。接收机根据卫星信号传输的数据,可解算出自身所在地理位置的经纬度、高度、速度、时间等信息。

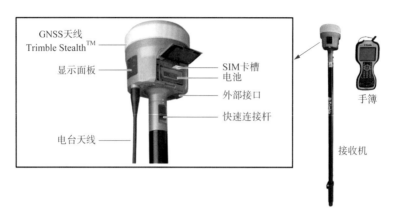

图 160　GNSS 接收设备

GNSS 定位的优缺点见表 47。将全站仪(见问答 59)和 GNSS 相结合运用到电缆排管测绘工作中,在 GNSS 信号弱的区域使用全站仪进行测量,可以弥补 GNSS 的缺点,有效提高工作效率和测绘精度。

表 47　GNSS 定位的优缺点

特点	内　容
优点	具有全球性、全能性、连续性、全天候、实时性的定时、定位及导航功能,可将精密的时间、三维坐标、速度提供给用户
	具有良好的抗干扰和保密能力
缺点	当接收机靠近高压铁塔、变电站、高层楼房等位置 GNSS 信号会降低导致不能测出点坐标

58 ＞ RTK 是什么?

RTK(real time kinematic)即实时动态测量,是 GNSS 相对定位技术的一种,主要通过基准站和流动站之间的实时数据链路和载波相对定位快速解算技术,实现高精度动态相对定位。其中的基准站会对卫星导航信号进行长期连续观测,获取观测数据,并通过通信设施将观测数据实时或定时传送至数据中心的地面固定测站。流动站就是在基准站一定范围内流动作业的接收设备所设立的测站。

　　目前 RTK 技术定位的精度可达到 2 cm,能满足大部分土木工程勘测和施工作业的精度要求。电缆排管测绘中使用 GNSS 时,一般用 RTK 技术进行定位,即使用 GNSS - RTK 方法。

59 〉 全站仪是什么? 有哪些优缺点?

图 161　全站型电子速测仪

　　全站仪即全站型电子速测仪(图 161),是由电子测角、电子测距、电子计算和数据存储单元等组成,具有多种测量功能的一体化测量仪器,其简介如图 162 所示。全站仪可同时进行角度测量和距离测量,其基本功能是测量水平角、竖直角、斜距,基本测量数据经过仪器数据处理系统可转化为平距、高差以及目标点的三维坐标等。

图 162　全站仪简介

目前全站仪已拥有后方交会、放样、偏心等高级测量功能,并拥有较大容量的内部存储器,能够以数据文件形式存储已知点和观测点的点号、编码、三维坐标,还可实现与计算机的数据通信,已在工程测量领域中广泛应用。

全站仪是电缆排管测量中运用最多的仪器,其优缺点见表48。

表48　全站仪的优缺点

特点	内　　容
优点	拥有视野广,测点快,精度高等特点,在全地形状态下测量电缆管线在不需要很多测站点的情况下就能测量几千米甚至更大范围内的数据
	能够在 GNSS 信号弱或无信号的区域进行测量作业
缺点	当遇到地形不全、单边已知点、1∶1000 或 1∶2000 地形时,需要很多的测站点来弥补地形不全的状态,会使测量精度降低
	全站仪存在通视能力差的缺点,在视线方向有障碍物遮挡就必须绕道测量

60 > 地下管道三维轨迹惯性定位测量仪是什么?有哪些优缺点?

用于地下管道三维轨迹惯性定位测量的仪器称为地下管道三维轨迹惯性定位测量仪,简称管道惯性定位仪(俗称地下管道陀螺仪)。地下管道三维轨迹惯性定位测量是指,在管道中行进时通过惯性传感器(陀螺仪、加速度计等)开展惯性定位测量,结合管道出入口的坐标值,获取管道三维轨迹坐标的测量技术。其中陀螺仪是利用高速旋转的陀螺转子所具有的定轴性与进动性特性而研制成功的一种绝对定向测量装置。管道惯性定位仪主要由惯性采集单元、数据处理单元及数据处理软件组成,如图163所示。惯性传感器位于惯性采集单元中,如图164所示。此外,惯性采集单元还包括轮组与里程计及两端的牵引连接装置。

 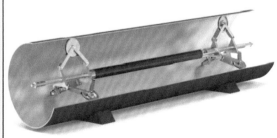

图163　管道惯性定位仪组成

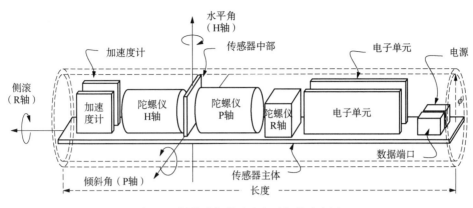

图 164 惯性采集单元内主要部件示意图

惯性采集单元沿管道运动时,陀螺仪和加速度计分别测量采集单元相对惯性空间的 3 个转角速度和 3 个线加速度在采集单元坐标系的分量,再经过坐标变换,把加速度信息转化为导航坐标系的加速度。利用加速度积分计算出采集单元的位置、速度。管道各个位置的航向和俯仰角也可得出。将航向、俯仰角与里程计得出的轮组里程信息结合可推算出管道的三维坐标。

在对水平定向钻拖拉管的轨迹及明挖管道的埋深进行测量时,先将管道惯性定位仪的惯性采集单元穿入电缆衬管内,通过外力将惯性采集单元从衬管入口端牵引至衬管出口端。在移动过程中,探测装置自动将数据信号传给外部控制器,并自动生成衬管的三维曲线图。根据衬管束或管道箱体横断面的特点及路面高程采样点推算出拖拉管或明挖管道的埋置深度,见问答 80。

管道惯性定位仪的优缺点见表 49。

表 49　管道惯性定位仪的优缺点

特点	内　容
优点	体积小、重量轻,测量不受地形、深度限制,不受电磁干扰,定位精度高,适用各种材质的地下管道
缺点	不均匀的管道内壁容易造成管道惯性定位仪的惯性采集单元在行进过程中被卡住,难以匀速前进

61 > 什么是全业务运营管理中台系统?

国家电网公司企业统一信息模型(SG - CIM)使用面向对象的建模技术定义、统一建模语言进行表达,目标是对公司全业务范围内的业务对象进行抽象,从而以信息模型的形式进行描述,包括概念数据模型和逻辑数据模型。全业务运营管理中台系统是一种基于 SG-CIM 实现多元素"一体化建模"和数据共享的营配调基础数据平台常规应用,能够实现全电压多种资源的"集中维护"机制如图 165 所示,实现"源端唯一",支撑多专业、多时态、多类型数据共享共性应用需求,实现业务融合。

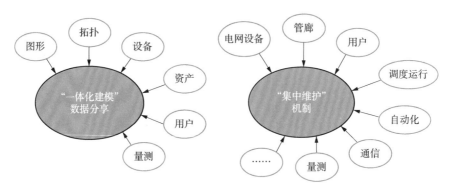

图 165　全业务运营管理中台系统的理念与功能

第三节·常用的测量方法

62 水准面、大地水准面、参考椭球面分别指什么?

地球的形状是一个不规则的球体,地球表面是不规则的曲面,两者都不能用简单的数学模型表达。故为了便于测量数据的处理与制图,人们需要一个能够使用简单函数表达的几何体来代替地球。静止不动的海水面延伸穿过陆地,包围整个地球,形成的封闭曲面称为水准面。

水准面的高度会随着时间和地点变化,因此不同高度的水准面有无穷多个。其中,与平均海水面最接近的水准面称为大地水准面,平均海水面的高度由专业部门测定并发布,不同国家定义的平均海水面高度也并不一致。地球自然表面与大地水准面如图 166 所示。

大地水准面是一个等势面,处处与重力方向垂直。由于地球上物质分布不均匀导致重力线不均匀,使得处处与重力方向垂直的连续曲面的表面不光滑,因此大地水准面的表面也是不光滑的,难以用数学公式表达。为便于建立坐标系进行计算与制图,需要找到一个几何形状与大地水准面非常接近的曲面来代替大地水准面,这样的椭球面称为参考椭球面,对应的椭球称为参考椭球体。参考椭球体的常见种类见表 50。

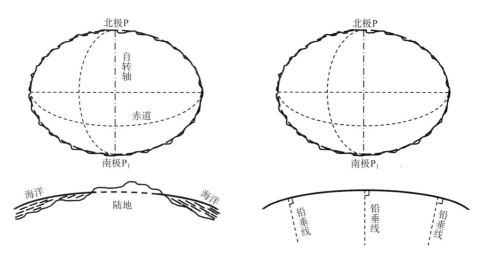

图 166 地球自然表面(左)与大地水准面(右)

表 50 参考椭球体的常见种类

参考椭球体	定 义	例 子
总地球椭球	利用全球的测量资料推算出来的为总地球椭球	WGS-84 椭球
区域椭球	利用某国家或地区测量资料推算出的为区域椭球,只要求其椭球面与该区域内大地水准面最接近	上海 2000 坐标系的参考椭球体

63 〉 大地高、高程是什么?

　　垂直于参考椭球面的方向称为法线方向,地面上的点沿法线方向到参考椭球面的距离为大地高。重力作用的方向称为铅垂线,地面点沿铅垂线方向到水准面的距离称为点的高程,如果这个水准面是大地水准面,则该高程称为绝对高程或海拔(如图 167 中的 H_A、H_C)。在局部地区或小型工程建设中,当测量绝对高程有困难时,可以假定一个水准面为高程起算面,地面点沿铅垂线方向到该水准面的距离称为相对高程或假定高程(图 167 中的 H'_A、H'_C)。两个地面点的高程之差即为高差(图 167 中的 h_{CA})。

　　输电电缆排管测绘中,不同常用工具使用的描述"高度"的量并不相同,如图 168 所示。故一般需要由地方测绘院将大地高数据转换为以地方常用大地水准面为起算点的地方绝对高程。

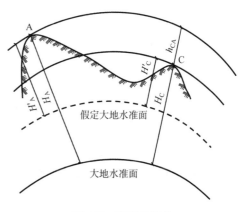

图 167 高程的定义

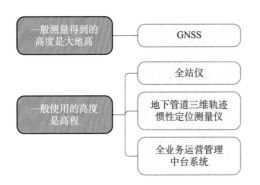

图 168　电缆排管测绘的常用工具使用的描述"高度"的量

64 ＞ 电缆排管测绘常用的坐标系有哪些？

目前，输电电缆排管测绘中常用工具使用的坐标系如图 169 所示。

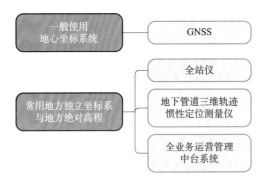

图 169　电缆排管测绘的常用工具使用的坐标系

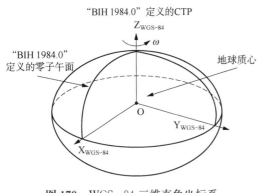

图 170　WGS-84 三维直角坐标系

地心坐标系以 GNSS 中 GPS 使用的 WGS-84 坐标系统为例进行介绍。WGS-84 坐标系统即为 1984 年世界大地坐标系统，属于地心坐标系，以地球的质量中心为坐标原点。用三维直角坐标系表示时，WGS-84 坐标系统的 Z 轴指向国际时间局 BIH 1984.0 定义的协议地球极方向，X 轴指向 BIH 1984.0 的起始子午面和赤道的交点，Y 轴与 X 轴、Z 轴构成符合右手定则的坐标系（图 170）。

用大地地理坐标(L,B,H)表示时,以地球自转轴为椭球体短轴,过地面点的椭球子午面与起始子午面之间的夹角为大地经度L,过地面点的椭球面法线与椭球体赤道面之间的夹角为大地纬度B,H为大地高,如图171所示。

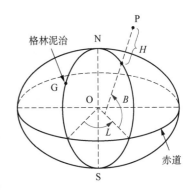

图171 WGS-84大地地理坐标系

地理空间是一个三维空间,而常用的图纸都是平面的,因此需要将三维空间投影到二维平面上以便于表达。应用最为广泛的投影模型是高斯投影模型。常规高斯投影的简介如图172所示。

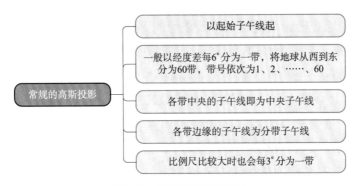

常规的高斯投影
- 以起始子午线起
- 一般以经度差每6°分为一带,将地球从西到东分为60带,带号依次为1、2、……、60
- 各带中央的子午线即为中央子午线
- 各带边缘的子午线为分带子午线
- 比例尺比较大时也会每3°分为一带

图172 常规高斯投影简介

高斯投影的基本原理(图173)是假设将一个椭圆柱面内侧紧紧横套在参考椭球体外表面上,椭圆柱横切于椭球面上投影带的中央子午线。该中央子午线即为高斯投影平面直角坐标系的X轴,赤道在椭圆柱面上的投影为Y轴,将椭球面分带上的图形等角投影到椭圆柱面上,再将椭圆柱面沿着通过椭球南北极点的母线剪开,即可得到该分带的高斯平面直角坐标系。

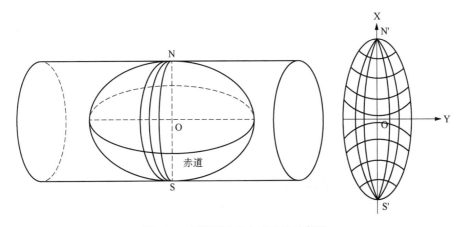

图173 高斯投影基本原理的示意图

选择建立某国家或地区平面直角坐标系（即国家分带坐标系、地方独立坐标系）的参考椭球体时，并不一定要求区域椭球中心与地心重合，而是要求椭球面和该区域内的大地水准面吻合最佳。另一方面，除中央子午线外的任何线段在高斯投影后都会产生变形，且距离中央子午线越远变形越大。有些城市平面坐标中两点间的距离会因为该城市远离 6°带或 3°带的中央子午线而产生较大的投影变形。因此，为满足工程测量的精度要求，往往需要基于一个当地的区域椭球，并选取测区内合适的经线作为中央子午线进行高斯投影。

65 〉 不同测绘工具常用的坐标系不一致怎么办？

GNSS 常用的地心坐标系统（如 GPS 常用的 WGS－84 大地坐标系统）与全站仪等设备的坐标系不同，不同坐标系的参考椭球体还可能不同。因此 GNSS 测量结果必须经过坐标变换后才能够与其他仪器的结果相匹配。转换过程包括大地坐标与空间直角坐标的相互转换、七参数转换、坐标投影、四参数转换。

地方测绘院一般会在 GNSS 接收设备中内置转换程序，方便地输出地方独立坐标系下的平面坐标测量结果。可将该平面坐标与地心坐标系（如 GPS 常用的 WGS－84 大地坐标系）中的大地高暂作为使用地方独立坐标系设备的已知点三维坐标，继续进行测量。外业测量工作结束后，再将全部数据上传至测绘院网站，将大地高数据转换为以地方常用大地水准面为起算点的地方绝对高程。

66 〉 使用全站仪测量排管时常用哪种方法测量未知点的平面坐标？

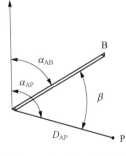

图 174　极坐标法示意图

使用全站仪测量电缆排管时，常用极坐标法测量未知点的平面坐标。极坐标法在一个已知点上架设测站，测量测站点与另一已知点连线和测站点到未知点连线的夹角，以及测站点到未知点的距离，来确定未知点的平面位置。例如设点 P 为待定点，A、B 是两个已知点，可在 A 点安置仪器，以 AB 为起始方向用极坐标方法确定 P 点，如图 174 所示。从中可以看出，P 点的位置可以由已知点 AB 方向线与 AP 方向线间的夹角 β 和 A 点到 P 点的距离 D_{AP} 来确定。

67 〉 使用全站仪测量排管时常用哪种方法测量未知点的高程？

使用全站仪测量电缆排管时，常用三角高程法测量未知点的高程。三角高程测量是指由通过测量测站点与目标点之间的垂直角和水平距离,计算得到测站点与目标点之间的高差测量工作,具有操作简单,速度快的特点。如图 175 所示,假设 A、B 之间的水平距离为 D,仪器高度为 i,目标高度为 v,竖直角为 α,当测量距离不超过 100 m 时,可根据简单的几何关系得出 A、B 两点的高差为:

$$h_{AB} = D\tan\alpha + i - v \tag{1}$$

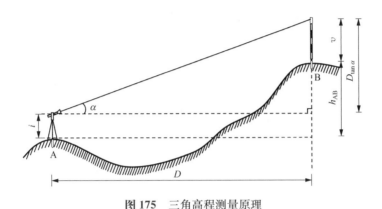

图 175 三角高程测量原理

当测量的距离大于 100 m 时,需要考虑地球曲率与大气折光对高差的影响。需要引入球气差改正,简称两差改正,其改正数为:

$$f = c - r = (1-k)\frac{D^2}{2R} \tag{2}$$

其中 k 为大气折光系数,与季节、气候、地面覆盖物等因素有关,取值为 $0.08\sim0.14$;R 为地球平均曲率半径。经过两差改正后的高差为:

$$h_{AB} = D\tan\alpha + i - v + f \tag{3}$$

另一个减少两差改正误差的方法是,在 A、B 两点同时对向观测,此时可以认为大气折光系数 k 是相同的,式(2)的结果 f 也相等,取往返测高差的平均值可以作为两差改正后的结果。

68 〉 什么是控制测量?什么是图根点?什么是碎部测量?

为了限制测量误差的累积,确保区域测量成果的精度分布均匀,并加快测量工作进度,测量工作必须遵循"从整体到局部,先控制后碎部"的原则。控制测量的基本概念见表 51。

表51 控制测量的基本概念

序号	基本概念	定 义
1	控制点	指在测区内具有控制意义并以较高精度测量出了该点平面坐标或高程的点,某个点可即是平面控制点,又是高程控制点
2	控制网	将测量要素如角度、距离、高差、GNSS基线等和控制点根据测量方式连接而成的几何图形
3	控制测量	对控制网进行外业观测,运用平差方法处理数据,最终获得控制点平面坐标或高程的过程,通常指对大地控制网进行观测的过程,不包括图根控制测量
4	图根控制测量	直接为地形测图建立平面控制和高程控制所进行的测量工作,在大地控制网基础上加密控制点,供碎部测量用
5	图根点	由图根控制测量测定了平面位置和高程的控制点,即在大地控制网基础上加密的控制点,是测绘地貌点、地物点的平面位置和高程的依据,某个点可即是平面图根点,又是高程图根点

在全国范围内,不同精度等级的平面、高程大地控制网已由各级测绘院布设完毕,所选定的控制点一般使用标石埋设,如图176所示。电缆排管测量中所说的"控制测量"通常是指图根控制测量,常采用设点更加灵活、方便且精度能够满足工程要求的 GNSS - RTK(全球定位系统)方法,布设平面、高程图根点。

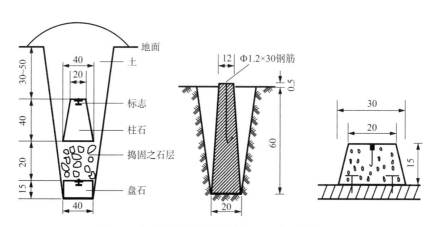

图176 大地控制网控制点的标识示例(单位:cm)

碎部测量是根据已测绘好的控制点,将测区内地物、地貌的特征点(碎部点)的平面位置和高程,按一定的比例尺和精度测绘到图纸上的工作。在电缆排管测绘中,碎部测量一般指使用全站仪基于图根控制测量的成果对最终关心的测点进行测绘的工作。这些测点可包括:电缆管道箱体顶部测点、路面高程采样点,以及工井外壁的平面位置测点,底板、封闭式工井顶板高程测点等。

69 > 电缆排管测量中常用的图根平面控制测量方法有哪些？

电缆排管测量中，图根平面控制测量常采用 GNSS‑RTK 图根控制测量和图根导线测量。电缆排管测量中常用的图根平面控制测量方式的选择如图 177 所示。若测区中有测绘院标石埋设的大地控制网控制点，可以使用其代替 GNSS 测设的图根点。

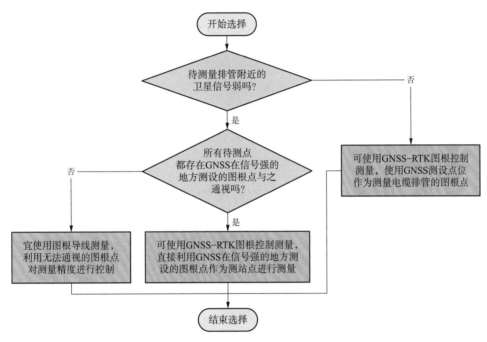

图 177 电缆排管测量中常用的图根平面控制方式的选择流程

使用图根导线测量时，首先在测区内选定若干个图根点，把相邻且互相通视的图根点连接构成折线形式，构成图根导线网。连续的折线叫图根导线，折线交点一般为图根点。使用已知的大地控制网控制点进行图根控制时，图根导线的交点也可为此类控制点。从已知点（图根点或大地控制网控制点）起算，以此次测定的未知图根点作为下次测量的已知点架设测站，依次精确测定图根导线的边长和转折角，然后根据已知点的坐标和方位角，推算各边的方位角，从而求出各图根点的坐标。求出的图根点可作为测站点架设全站仪。

图根导线根据测区的实际情况布设。导线的形状应尽可能布成等边直伸，不得层层环套，也不得交叉重叠。电缆排管测量中常用的布设形式为闭合导线与附合导线。闭合导线（如图 178 所示，A、B 为已

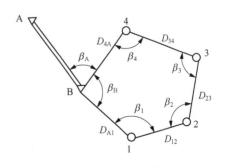

图 178 闭合导线布设形式示例

知的图根点或大地控制网控制点)为由一个已知平面坐标的图根点或大地控制网控制点开始,最终又回到该点,形成一个闭合多边形。在闭合导线的已知点上至少应有一条定向边与之相连接。

附合导线(如图 179 所示,A、B、C、D 为已知的图根点或大地控制网控制点)的导线开始于一个平面坐标已知点而终止于另一个已知点,已知点上可有一条或几条定向边与之连接,也可以没有定向边与之连接,此处的已知点为图根点或大地控制网控制点。

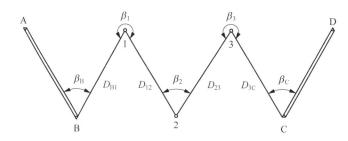

图 179 附合导线布设形式示例

需要注意的是,同级附合一次为限。意为,使用已知的图根点作为起算点时,图根导线测定的图根点不应作为起算下一个图根导线网的已知图根点。如需使用图根导线测定的图根点构造下一个图根导线网,本次图根导线测量的起算点应为已知的大地控制网控制点[使用 GNSS-RTK 方法测定起算点时,应为二级(含)以上控制点]。

导线测量布设简单,每点仅需与前、后两点通视,由于全站仪性能的提高及其广泛的应用,使得导线测量的精度和速度也随之提高。目前常用的全站仪已内置计算程序,能够直接输出平差后的坐标计算结果。

70 > 电缆排管测量中常用的图根高程控制测量方法有哪些?

电缆排管测量中,建立图根高程控制网常采用 GNSS-RTK 控制测量和三角高程测量。电缆排管测量中常用的图根高程控制测量方式的选择流程如图 180 所示。若测区中有测绘院标石埋设的大地控制网控制点,可以使用其代替 GNSS 测设的图根点。

三角高程测量见问答 67。使用三角高程测量法进行图根控制测量时,从高程已知的不低于四等的水准点起算,沿图根导线(见问答 69),以此次测定的未知导线点作为下次测量的已知点架设测站,依次测量各图根点的高程。其中,水准点为用水准测量测定高程的控制点,水准测量是测量地面点高程的基本方法,用水准仪与水准尺测定两个地面点高差的方法,测出地面点的高程。

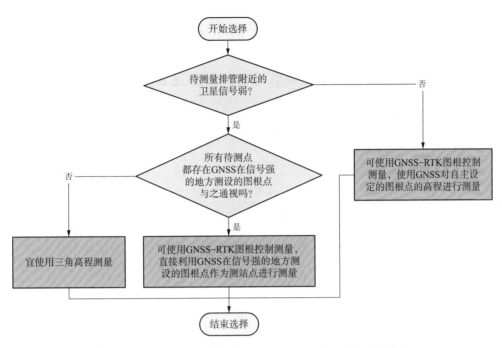

图 180　电缆排管测量中常用的图根高程控制方式的选择流程

71 〉 使用全站仪测量排管时常用什么方法添加测站点？

使用全站仪测量排管时，可以在图根点、大地控制网控制点上架设测站。如需在其他未知点位架设测站，可使用常用的后方交会法测量该测站点的平面坐标，以及三角高程法（见问答 67）测量其高程。

传统的后方交会法通常只测量夹角。在待定点 P 设站，向 3 个已知点观测两个水平夹角 α、β，从而计算待定点的坐标，称为后方交会。后方交会的示意图如图 181 所示。其中 A、B、C 为已知点（图根点或大地控制网控制点），P 点待定。若观测了 PA、PC 间的夹角 α，与 PB、PC 间的夹角 β，则 P 点同时位于△PAC 与△PBC 的两个外接圆上，必然为两外接圆的两个交点之一，由此可定位 P 点。需要注意的是待定点 P 不能位于由已知点构成的△ABC 的外接圆（即危险圆）

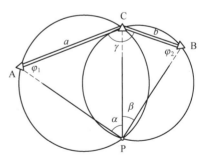

图 181　后方交会

上，否则将无法唯一确定 P 点，若接近危险圆，P 点的可靠性将降低，选点时需尽量避免这种情况。

与传统方法不同，目前的全站仪在后方交会测量时，已经可以同时测量边长和夹角,能够避免危险圆问题。这种能够边角同测得后方交会法在《工程测量标准》GB 50026—2020 中称为自由设站测量。

72 惯性定位测量衬管的三维轨迹前如何测定管口的坐标?

惯性定位测量前,应测定两工井间管道两端的衬管管口坐标。可根据现场作业条件,选择使用合适的作业方法,见表52。

表 52 测定两工井间管道两端的衬管管口坐标的常用方法及适用范围

序号	作业方法	适用范围
1	GNSS 直接测量	端墙上衬管管口处 GNSS 信号良好的敞开式工井
2	全站仪导线直传联系测量法	在地面架设全站仪可直接观测到衬管管口(如在敞开式工井中),或通过支导线(如图 182 所示,其中 A、B 为图根点)可以将三维坐标传递至工井内
3	两井定向联系测量法	封闭式工井有两个井盖可以打开,且井下通视情况良好
4	后方交会自由设站联系测量法	封闭式工井有一个井盖可以打开,且井下通视情况良好

注:支导线从一个已知平面坐标的图根点出发,即不附合于另一个图根点,又不闭合于原来的起始图根点。

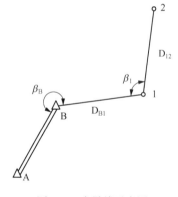

图 182　支导线示意图

全站仪导线直传联系测量法的测量方式及要求见表53。两井定向联系测量法如图 183 所示,其基本操作步骤见表54。后方交会自由设站联系测量法如图 184 所示,其基本作业步骤见表55。表 54 与表 55 中,对较差、残差等进行控制的目的是保证管口坐标相对于地面图根点的精度满足表45 要求,即平面、高程中误差分别在 ±5 cm、±3 cm 以内。图根点可使用大地控制网控制点代替。

表 53 全站仪导线直传联系测量法的测量方式及要求

测量方式	要 求
应以地面图根点为依据,通过测量控制点沿支导线至被测管口的一系列水平角和距离,计算管口的平面坐标;高程通过三角高程法施测	支导线总长应小于 450 m,边数不超过 4 条;角度和边长应往返测,边长往返测较差应小于仪器标称测距精度的 2 倍,角度观测往返较差应小于 ±40″;当支导线点数不超过 2 点时,可不往返测

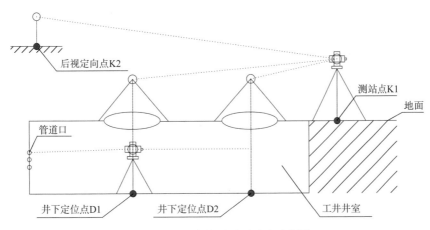

图 183　两井定向联系测量法示意图

表 54　两井定向联系测量法的基本操作步骤

序号	步骤及要求
1	先在工井的两个井口上方分别架设带有激光对中器的全站仪,仪器整平后,根据激光对中点在井下地面设置两个定位点(例如图 183 中的 D1、D2)
2	在保留仪器对中底座不动的情况下,将井口架设的全站仪更换为棱镜
3	在地面图根点(例如图 183 中 K1)架设全站仪,以另一图根点(例如图 183 中 K2)为后视定向,采用极坐标法分别测量 2 个井口的平面坐标,即为两个井下定位点(例如图 183 中 D1、D2)的平面坐标;高程采用三角高程传递至井口的棱镜中心。测量时,平面坐标和高程均应采集不少于 2 次,测得的平面点位和高程较差不超过 1 cm,取平均值作为最终结果
4	井口棱镜中心至井下地面定位点和定向点的高度,应采用钢尺精确测量,测量时应在不同方向量取 3 次,互差不大于 3 mm,取平均值作为结果;根据测量结果将棱镜中心的高程归算至井下定位点 D1、D2
5	最后在井下定位点 D1 架设全站仪,以定向点 D2 为后视定向,以极坐标法依次采集各个管口的平面坐标,高程采用三角高程测量的方法进行采集

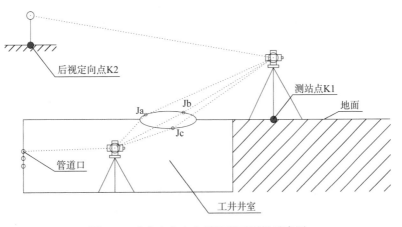

图 184　后方交会自由设站联系测量示意图

表 55　后方交会自由设站联系测量法的基本操作步骤

序号	步骤及要求
1	先在需要测量的工井井口上布设至少 3 个联系点(例如图 184 中的 Ja、Jb、Jc)
2	然后在地面图根点架设全站仪,使用极坐标法在工井井口圆周上测设至少 3 个联系点,测量时同步使用三角高程方法测量点位的高程;联系点三维坐标采集完成后,应进行测站检核
3	最后将全站仪迁站至工井内,以井口的联系点进行后方交会自由设站,计算设站坐标和交会残差,交会残差应不大于 1 cm,检核一个后视点(如 Ja)的坐标,平面、高程较差均不大于 2 cm。残差与较差不超限则继续下步操作,否则找出原因,重新设站或返回地面重测设井口点
4	工井下全站仪设站完成后,即可依次采集需要测量的管口和井室内的特征点,并进行测站检核

注:交会残差是全站仪自由设站平差后的残差,仪器会有显示。

73 > 测量误差的种类有哪些? 常用的误差处理方法有哪些?

根据测量误差的特点和规律,可将其分为系统误差、随机误差和粗差。不同类型测量误差的定义见表 56。对于不同类型的测量误差,需要采用不同的处理方法来进行消除或降低。

表 56　测量误差的类型及定义

误差类型	定　义	备　注
系统误差	在相同条件下多次测量同一个量时,误差的符号保持恒定,或在条件改变时按某种确定规律变化的误差。其中确定的规律指这种误差可以归结为某些因素的函数,一般可用曲线、数表或解析公式表达	造成系统误差的常见原因包括:测量设备的制造缺陷、测量仪器使用或放置不当、测量环境变化、测量方法不完善
随机误差	也称偶然误差,在相同条件下多次测量同一个量时,误差的绝对值和符号以不可预先确定的方式变化的误差。随机误差主要由对测量值影响微小的多种随机因素共同造成,具有有界性,其绝对值不会超过一定的界限	单次测量的随机误差虽无规律,但在测量足够多次后,随机误差总体上会呈现一定的统计规律。众多随机误差之和会正负抵消,随着测量次数的增加,随机误差的算术平均值越来越小并趋于零
粗差	粗大误差的简称,在一定的观测条件下超出预期的误差。例如观测时读错数据,参数输入错误等因素导致的误差。粗差也称为异常数据或野值(outlier)	粗差会明显误导测量结果,应剔除

表 57 中总结了不同类型误差的特点与处理方法。需要说明的是,测量误差是多种类型的误差综合影响造成的,包含了多种类型的误差,特别是当误差较小时,难以简单地对其进行识别区分。

表 57　测量误差的特点及常用处理方法

误差类型	特　　点	处理方法
系统误差	多次测量误差的符号保持不变或有一定规律	采用经检验校核后系统误差较小的仪器；发现系统误差的规律后，采用数学模型进行修正
随机误差	误差的大小和符号随机变化，绝对值较小且有界	通过多次测量取平均值的方式减小随机误差
粗差	超出所使用的仪器或方法的最大预期误差	设置多余观测，发现并剔除含粗差样本后，用多余观测中不含粗差样本填补；将含粗差观测值的权值设为一个极小的数或零

74 〉 衡量测量误差的常用指标有哪些？

系统误差主要由仪器和测量方法引起，需要针对不同的仪器和方法专门分析，而随机误差则具有普遍性。若 $\tilde{l}$ 表示某个量的真值，对其观测 n 次的观测值分别为 l_1，$l_2,\cdots,l_n$，则观测值的真误差为：

$$\Delta_i = \tilde{l} - l_i \quad (i = 1,\cdots,n) \tag{4}$$

若仅考虑随机误差的影响，Δ_i 服从均值为零的正态分布。正态分布的离散度常用其随机变量的方差 σ^2 或标准差 σ 来体现，但从理论上说，求一个随机变量的方差或标准差，需要观测样本数量趋于无穷大：

$$\sigma^2 = \lim_{n \to \infty} \frac{\Delta_1^2 + \Delta_2^2 + \cdots + \Delta_n^2}{n} = \lim_{n \to \infty} \frac{\sum_{i=1}^{n} \Delta_i^2}{n} \tag{5}$$

但这在实际中难以实现，因此需要找到实用的技术指标以衡量观测值的精度。

常用的指标包括中误差、极限误差、相对误差。在相同观测条件下，对真值为 $\tilde{l}$ 的量观测 n 次，分别得出观测值 $l_1, l_2, \cdots, l_n$，则观测值的中误差表示为：

$$m = \pm \sqrt{\frac{\Delta_1^2 + \Delta_2^2 + \cdots + \Delta_n^2}{n}} \tag{6}$$

其中 Δ_i 为观测值的真误差，见式（4），观测值的中误差为各真误差平方和的平均值的平方根。测量仪器、规范等通常针对中误差给出精度要求，相当于设置允许中误差。

由式（6）可知，计算中误差的前提是需要得到真误差，也就是要知道真值，但现实中一般无法得到观测值的真值，只能在一定的观测条件下得到最接近真值的值，称为最或然值或估计值。估计值 $\hat{l}$ 一般为观测值的算术平均值：

$$\hat{l} = \frac{l_1 + l_2 + \cdots + l_n}{n} \tag{7}$$

利用 $\hat{l}$ 计算观测值中误差的估计值为：

$$m = \pm\sqrt{\frac{\sum_{i=1}^{n}(\hat{l} - l_i)^2}{n-1}} \tag{8}$$

若仅考虑随机误差的影响，真误差服从均值为零的正态分布。由概率论的基本原理可知，观测误差的绝对值大于 2 倍中误差的个数占总数的 4.6%，大于 3 倍中误差的个数占总数的 0.3%。占比很小，故一般取 3 倍允许中误差作为允许的误差极限，称为容许误差或极限误差。高精度检测，以 2 倍允许中误差为极限误差。通常认为超过极限误差的观测值含有粗差或较大的系统误差，应舍弃或研究其原因。

中误差数值的大小与观测值的大小有关。对于某些观测值，有可能使用中误差还不能完全表达观测结果的优劣，如使用中误差 2 cm 的仪器分别测量 50 m 与 100 m 的距离，虽然结果的中误差相同，但两者单位长度的精度并不相同。此时我们可以使用中误差绝对值与观测值的比值来对比两次测量的精度，该比值称为相对误差。相对误差无量纲，通常以分子为 1 的形式表示，如 1/50 000。

75 〉 观测值的权是什么？测量误差的传播规律是什么？

对于等精度观测量，观测值的最或然值（最接近真值的值）就是所有观测值的算术平均值；而对于不同精度的观测值，合理的做法是设置"权"，提高可靠程度大的测量结果的占比。当已知各观测值的中误差时，测量中的第 i 个权为：

$$P_i = \frac{C}{m_i^2} \tag{9}$$

其中，C 为常数，等于权值为 1 时的中误差，也称单位权中误差；m_i^2 为第 i 个观测值 l_i 的中误差。也有根据经验方法决定权值的。

使用定义权值之后的加权平均值对真值进行估计：

$$\hat{l} = \frac{P_1 l_1 + P_2 l_2 + \cdots + P_n l_n}{P_1 + P_2 + \cdots + P_n} \tag{10}$$

由式（10）可知，估计值 $\hat{l}$ 是直接观测值 $l_1, l_2, \cdots, l_n$ 的一种线性函数。由于直接观测值不可避免地含有误差，观测值的函数也存在误差。观测值的精度可用中误差来描述，由观测值中误差推导出观测值函数中误差的定律称为误差传播定律。

线性函数 $y = k_1 l_1 + k_2 l_2 + \cdots + k_n l_n$ 的误差传播定律为：

$$m_y^2 = k_1^2 m_1^2 + k_2^2 m_2^2 + \cdots + k_n^2 m_n^2 \qquad (11)$$

一般函数 $y = f(l_1, l_2, \cdots, l_n)$ 的误差传播定律为：

$$m_y^2 = \left(\frac{\partial f}{\partial l_1}\right)^2 m_1^2 + \left(\frac{\partial f}{\partial l_2}\right)^2 m_2^2 + \cdots + \left(\frac{\partial f}{\partial l_n}\right)^2 m_n^2 \qquad (12)$$

其中，m_y 为函数 y 的中误差。

由式(11)可知，式(10)加权平均值的中误差为：

$$m_y^2 = \left(\frac{P_1}{P_1 + P_2 + \cdots + P_n}\right)^2 m_1^2 + \cdots + \left(\frac{P_n}{P_1 + P_2 + \cdots + P_n}\right)^2 m_n^2 \qquad (13)$$

第四节 · 电缆排管测绘的外业

76 〉 电缆排管测绘中一般使用 GNSS 测量什么？

电缆排管测绘中一般使用 GNSS 测量的点位及其用途如图 185 所示。测量结果经过转换后可得出点位的平面坐标与高程。其中计算埋置深度时，一般先利用测出的平面坐标，找出相匹配的（通常是平面距离最近的）结构物（如明挖管道箱体，封闭式工井、管道内衬管）测点与路面高程采样点，再将二者的高程相减求出埋置深度。

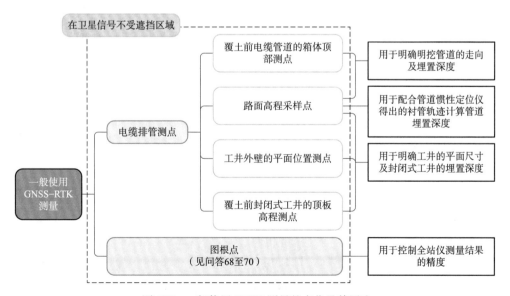

图 185 一般使用 GNSS 测量的点位及其用途

77 〉 使用 GNSS 接收设备时一般有哪些注意事项？

使用 GNSS 接收设备时的一般注意事项见表 58，卫星状态的基本要求见表 59。

表 58 使用 GNSS 接收设备时的一般注意事项

序号	事项	要 点
1	连接网络	GNSS 接收设备通常需要连接网络来交互数据。外业操作时，一般通过手簿连接手机热点接入网络，接收机一般带有与手簿连接的 WiFi
2	整平接收机	测量过程中注意接收机的整平，通过快速连接杆将接收机安装在测量杆上，将测量杆立于测量点，保持圆水准器中的水泡居中直至测量结束；使用 GNSS-RTK 进行图根控制测量时应采用三角支架架设 GNSS 接收设备
3	卫星数量	GNSS 接收到的卫星信号数越多，测量越精准，当靠近高压铁塔、变电站、高层楼房等位置 GNSS 信号会降低导致不能测出点坐标。卫星的状态最低应符合表 59"可用"的要求
4	图根点数量	图根控制测量在同一测区布点不得少于 3 点，对所测的成果应有不少于 10% 的重复抽样检查且检查点数不应少于 3 点
5	图根控制测量的开始条件	图根控制测量应在流动站持续显示固定解后开始观测
6	图根平面控制测量	平面图根点每点应独立初始化 2 次，每次采集 2 组观测数据，每组采集的时间不少于 10 s，4 组数据的平面点位较差小于 20 mm 时可取其中任一组数据或平均值
7	图根高程控制测量	高程图根点每点应独立初始化 4 次，每次采集 2 组观测数据，每组采集的时间不少于 10 s，8 组数据的大地高较差小于 30 mm 时取其平均值作为最终测量的大地高成果
8	图根点的重复抽样检查	重复抽样检查应在临近收测时或隔日进行，且应重新进行独立初始化。平面图根点重复抽样采集与初次采集点位较差应小于 30 mm，高程图根点的重复抽样采集与初次采集大地高较差应小于 50 mm
9	坐标变换	地方测绘院可提供技术将 GNSS-RTK 得到的测量结果从地心坐标系变换到地方独立坐标系中以便使用，如问答 65 中所述

表 59 卫星状态的基本要求

观测窗口	截止高度角 15° 以上的同一系统卫星个数	位置精度衰减因子：PDOP 值
良好	≥6	<4
可用	5	≥4 且<6
不可用	<5	≥6

78 > 电缆排管测绘中一般使用全站仪测量什么?

电缆排管测绘中一般使用全站仪测量的点位及其用途如图 186 所示。测量得出点位的平面坐标与高程。其中计算埋置深度的方法同问答 76。

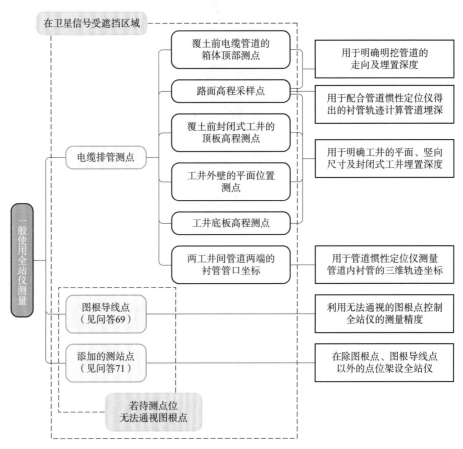

图 186 一般使用全站仪测量的点位及其用途

79 > 使用全站仪时一般有哪些注意事项?

架设全站仪时,先将全站仪架设在测点的上方,通过观测全站仪上的光学对中器(图 187)并移动三脚架,使全站仪的中心基本位于站点的中心后,固定三脚架。全站仪对中整平时的注意事项见表 60。

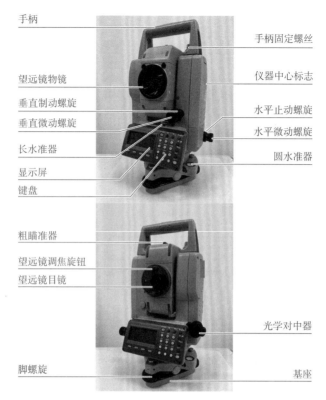

手柄   手柄固定螺丝

望远镜物镜   仪器中心标志

垂直制动螺旋

垂直微动螺旋   水平止动螺旋

长水准器   水平微动螺旋

显示屏   圆水准器

键盘

粗瞄准器

望远镜调焦旋钮

望远镜目镜

光学对中器

脚螺旋   基座

图 187　全站仪

表 60　全站仪对中整平时的注意事项

序号	事项	要　点
1	安置	将三脚架高度调到与个人身高相适应,安放于测站点上,并注意使架头大致保持水平,检查、调节脚螺旋高度,使其高度适中,踩实脚架;从仪器箱中取出全站仪,安放于架头上,轻轻拧紧中心螺旋
2	对中	平移脚架,使地面标志点的影像位于对中器的小圆圈中心
3	粗略整平	固定三脚架一只架腿,伸缩调节其他两只架腿高度,使圆水准器气泡居中
4	精平	先转动仪器照准部,使长水准器平行于任意两个脚螺旋连线,两手同时向内(或向外)转动脚螺旋,使长水准器气泡居中,气泡移动的方向与左手大拇指转动脚螺旋的方向一致;然后将仪器照准部旋转 90°,转动第三个脚螺旋,使长水准器气泡居中。按上述方法反复进行几次,直到照准部旋转到任何位置时,长水准器气泡总是居中(容许偏差一格),这时仪器的竖轴铅垂,水平度盘水平

使用全站仪瞄准目标时,通过粗瞄准器对所选已知点初步对准后,将水平制动螺旋锁定,用水平微调螺旋微调,使目镜中的十字丝对准已知对象。

测量时将棱镜放置在需测点位上,并用全站仪的目镜照准棱镜。待观测完成,全站仪自动记录后,方可进行下一点测量。依此类推,直到观测对象全部测量完毕。进行数字地形测量时,对需要测量的建(构)筑物、设施等的标志点(碎部点)进行测量并记录。

若由于现场情况的影响,无法继续观测时,必须另设新的测站点。

采用自由设站测量法(见问答71)进行测量时,至少需要3个已知坐标点作为交会基准,来获取测站点坐标,设站点各观测方向之间的夹角宜为30°～120°。

根据《工程测量标准》GB 50026—2020和上海市《地下管线测绘标准》DG/TJ 08—85—2020、《1∶500 1∶1000 1∶2000数字地形测量规范》DG/TJ 08—86—2010等的相关要求,电缆排管测绘中,在使用全站仪进行碎部测量时,完成测站定向后,应复测另一已知的图根点的坐标和高程,作为测站检核;测站检核时复测检核点的误差要求见表61。作业过程中和作业结束前,应对定向方位进行检查。

表61 测站检核时复测检核点的误差要求

检核点	坐标重合差	高程较差
为图根点	不应大于4 cm	不应大于5 cm
比图根级低一级	不应大于6 cm	不应大于5 cm

80 管道惯性定位仪在电缆排管测绘中一般有什么用处?

通常使用管道惯性定位仪测量管道内部衬管的点位在地方独立坐标系中的平面坐标与高程,先得出衬管的轨迹。结合路面高程采样点计算衬管埋置深度的方法同问答76。求出衬管埋深后,根据衬管束的特点推算出定向钻拖拉管外边界线与管道顶部埋深;根据箱体横断面的特点推算明挖管道的顶部埋置深度。不同管道类型需要测量的衬管孔数不同,详见表62。

表62 不同管道类型需要惯性定位测量的衬管孔数

管道类型	测量孔数	原 因
定向钻拖拉管	需要测量多根衬管的轨迹,才能得出整个衬管束的外边界线,求出管道顶部埋深	使用定向钻技术在一孔中回拖敷设一束衬管时,衬管束在敷设过程中可能发生一定程度的扭转,导致横断面上衬管的相对位置可能发生变化
明挖施工管道	测量一孔即可得出管道的空间位置,求出管道箱体顶部埋深	明挖管道中衬管在箱体横断面上的相对位置基本是不变的

此处需要说明的是,测量明挖管道的平面位置和埋深时,一般使用GNSS接收设备或全站仪直接测量未覆土箱体顶部中心线的点位。而在实际工程中,可能遇到一些测绘资料缺失的已建管道,为补齐测绘资料,我们会使用管道惯性定位仪测量其平面位置和埋置深度。

81 > 惯性定位测量管道内衬管的三维轨迹时一般有哪些注意事项？

惯性定位测量管道内衬管三维轨迹时的一般注意事项如图 188 所示。下井作业时应遵守图 48 中的安全要求。

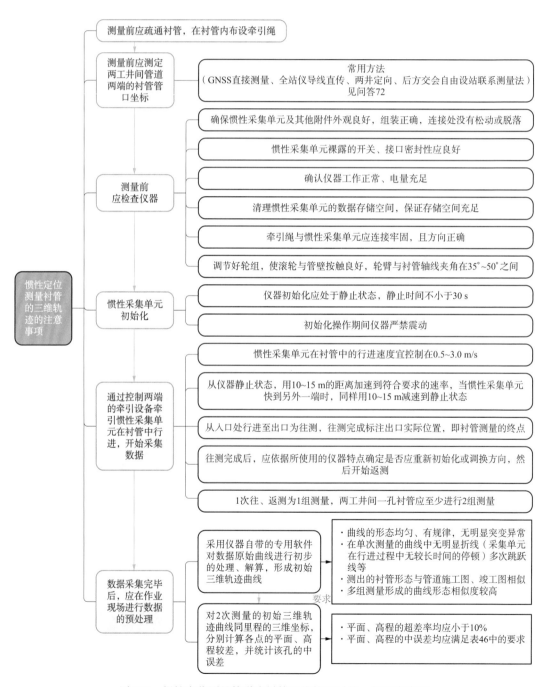

图 188　惯性定位测量管道内衬管三维轨迹时的一般注意事项

第五节 · 电缆排管测绘的内业

82 〉 电缆排管的测绘中一般需要整理哪些数据？

电缆排管测绘的外业结束后，需整理测量数据。数据整理的过程中应包含测量数据的质检。需要整理的资料见问答 111。

83 〉 需要录入中台系统的排管测绘数据一般有哪些？

一般需要录入中台系统的排管测绘数据如图 189 所示。其中图形部分需要将标准格式（图 226）的测量点位坐标导入中台系统后，根据点位坐标绘制。

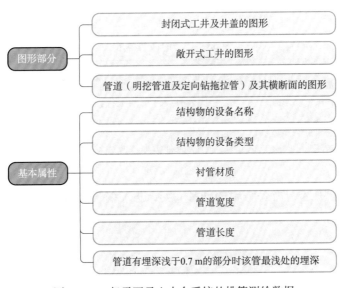

图 189　一般需要录入中台系统的排管测绘数据

84 〉 如何在全业务运营管理中台系统内新建任务？

在全业务运营管理中台系统内绘制排管图形之前，需要先进入系统的编辑版新建任务。进入方法是：在系统操作界面的"任务"菜单项中，先新建一个任务，任务名称支持

自定义,如图190所示:

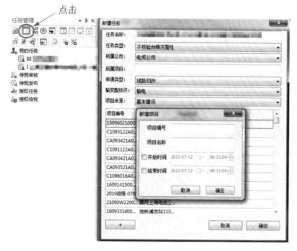

图190 新建任务窗口

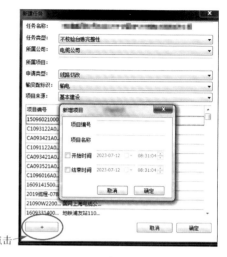

图191 新建项目窗口

新建任务时,按"+"按钮新建项目(图191),输入工程名称和工程编号,若该项目已存在,则按相应的工程名称和工程账号在新建任务窗口(图190)中选择。任务的命名要求见表63。

表63 任务的命名要求

格 式	代 表 内 容
"Ⅰ+工程名称"	代表有设计书的工程或故障等
"Ⅱ+编辑内容"	代表配合运维修改的无设计书的任务,如故障
"Ⅲ+修改内容"	代表其他需要修改或补充的任务

在"我的任务"中选中需要编辑的任务,点击进入编辑态按钮即可进入任务编辑态,如图192所示。

图192 任务列表

85 > 如何将测量的点位坐标导入全业务运营管理中台系统?

点选系统操作界面上方"维护"工具栏中"量测文件"按键(图 193),选择外业测出的坐标文件后,中台系统会在相应的坐标位置上显示测量的点位,捕获距离设置为合适大小,一般为 0.2 或 0.3。

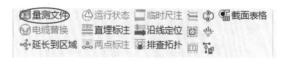

图 193 "维护"工具栏中"量测文件"按键

86 > 如何在全业务运营管理中台系统内绘制工井?

需要注意的是,中台系统中的"工井"仅指封闭式工井,而敞开式工井则被归于"电缆沟"一类当中。故在中台系统中绘制敞开式工井时,需要将敞开式工井当做电缆沟进行绘制。

新建工程项目的绘制任务(见问答 84)并导入封闭式、敞开式工井的测点坐标(见问答 85)后,按如下步骤绘制封闭式、敞开式工井:

(1) 在系统操作界面的资源维护工具栏(图194),依次选择"维护"→"电缆"→"设施_工井(电缆沟)"→"工井(电缆沟)"。

(2) 顺时针或逆时针依次连接相应的工井(电缆沟)点位,双击或按回车键完成绘制,如图195 的黄色边框所示。

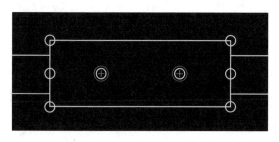

图 195 绘制的工井

图 194 资源维护工具栏

（3）在系统操作界面右侧工具栏（图 194），选择"维护"→"电缆"→"设施_工井盖"→"工井盖"，在相应的工井盖点位处单击鼠标左键，即完成工井盖绘制，如图 195 的绿色标记所示。

（4）鼠标左键单击绘制好的工井，在"信息栏"→"属性"中，完善工井（电缆沟）基本属性，如图 196 所示，工井类型有直线井、三通井、四通井、转角井等，数据来源填三维测量，设备状态为在用，资源用途填电力电缆。

图 196　工井基本属性填写示例

87 > 如何在全业务运营管理中台系统内绘制管道？

封闭式、敞开式工井绘制完毕后开始绘制管道。明挖管道的绘制是由测量的工井边开始到另一个工井边结束，如图 197 所示。在管道的基本属性中，设备名称应为排管工程的工程名称。管道类型选择排管（即明挖管道，中台系统中称"排管"），输入相应的衬管材质，一般为厚壁塑管。绘图时规定明挖管道的宽度应为 2 m，且不应超过两端工井的宽度。

使用自动绘图功能绘制定向钻拖拉管，首先选择工具栏中"电缆管道"（图 194）工具，再按"量测文件"工具（图 193），选择坐标文件后，系统自动按坐标点位次序生成电缆图形。在基本属性中，管道类型选择顶管（即定向钻拖拉管，中台系统中称顶管），输入衬管材质为厚壁塑管。绘图时对管道宽度的规定为：若拖拉管只有一束，则宽度为 2 m；若拖拉管有两束及以上，则每束的宽度为 1 m。

图 197　绘制的排管

绘制好管道后,添加管道的横断面(中台系统中称管道截面)图(图 198)。管道横断面图的常见绘制要求见表 64。一段管道可以添加多个横断面。

表 64　管道横断面图的常见绘制要求

序号	事项	要　　求
1	孔径	对于 110(含)～220(含)kV 电压等级的高压电缆排管,中台系统管道横断面图中孔径统一选择"159"
2	方向	管道为东西走向时,横断面图的方向应向东;管道为南北走向时,横断面图的方向应向北
3	位置	生成横断面图后,移动横断面图到合适位置,一般情况下,横断面图外框与管道的距离保持在 5 m 左右

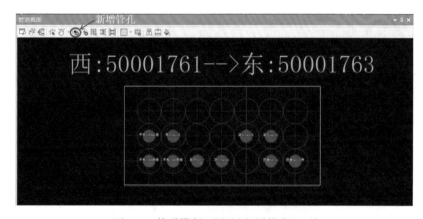

图 198　管道横断面图及"新增管孔"工具

如需添加孔位,可以通过"新增管孔"工具来添加。并且,横断面图中的单个孔位可以移动和删除,以便绘制不规则横断面。若需要在一孔中穿多根电缆,则选中该孔位,通过"维护子孔"在该孔中增加多个子孔位,如图 199 所示。

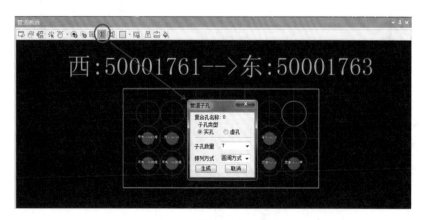

图 199　"维护子孔"工具

88 排管测绘数据录入中台系统后一般需要校验哪些内容？

排管测绘数据录入中台系统后一般需要校验的内容见表65。

表65 排管测绘数据录入中台系统后一般需要校验的内容

校验内容	要　　求
工井的几何点位	封闭式、敞开式工井的 CAD 图形提取的几何点位应与现场封闭式、敞开式工井的实际形状一致
管道横断面	应与提交的现场照片一致，如遇管道两端排列方式不一致，需要补齐所有横断面

89 如何在全业务运营管理中台系统内查询电缆排管？

图200 标准工具栏

可通过"标准工具栏"（图200）中"查询""速查""坐标定位"来进行查询。

点击图200中的"查询"按键，在导航栏的标注里面选择 SQL 查询，界面如图201所示。其中，常用属性查询的设置说明见表66。输入查询条件后，点击"加入子句"，执行查询按钮，底下空白栏会显示所查询信息。例如图201为：查询设备类型为"设施_电缆管道"并且"设备 ID＝920538927"的设备。

图201 SQL查询界面

表 66　常用属性查询的设置说明

序号	选项	说　　明
1	"设备"	选择所查询的设备类型,如电缆管道(电缆管道的"设备子类型"称明挖管道为"排管"、定向钻拖拉管为"顶管")、工井等
2	"字段"	选择设备查询条件,如 GIS 对象 ID、设备 ID 等
3	"比较"	选择所查询设备的查询条件,与下方输入的"值"进行比较,可选"等于""大于""小于"
4	"值"	输入所需比较的值
5	"关联关系"	"设备"与查询条件之间的关系

通过如图 200 的"标准工具栏"→"速查"条件对话框中输入所需查询的设备名称,如图 202 所示,查询条件可以在左边"发现"里进行添加和取消;常用选择的查询条件有"按设备名称""常用设备""本公司设备"。

图 202　输入需要速查的设备名称

输入所需查询设备的名称后,按快捷键"enter 回车"键进行查询,或者按"发现"进行查询;点击之后会跳出一个弹窗,如图 203 所示,所有设备符合所输入的查询条件的都会在该弹窗里显示出来;在弹窗里选择所需设备,双击即可在地理图中定位显示。

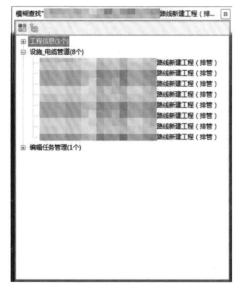

图 203　速查的结果

图 204　输入所查询的坐标点

选择图 200 中的坐标定位,在弹出的对话框(图 204)中输入你所查询的坐标点,点击确定,会直接跳到你所输入的坐标点位。定位到坐标点后,可点击选择该坐标点附近的电缆排管。

90 〉 如何在全业务运营管理中台系统内打印某段电缆排管的图纸？

打印某段电缆排管图纸的常用方式有两种，即单页打印与比例打印；单页打印可打印窗口视野内的部分，而比例打印则可使用框选的方式决定打印的范围。打印的流程如图205所示。

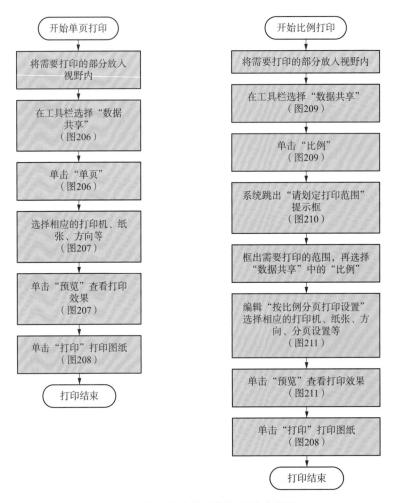

图 205 单页打印与比例打印的流程图

图 206 选择单页打印

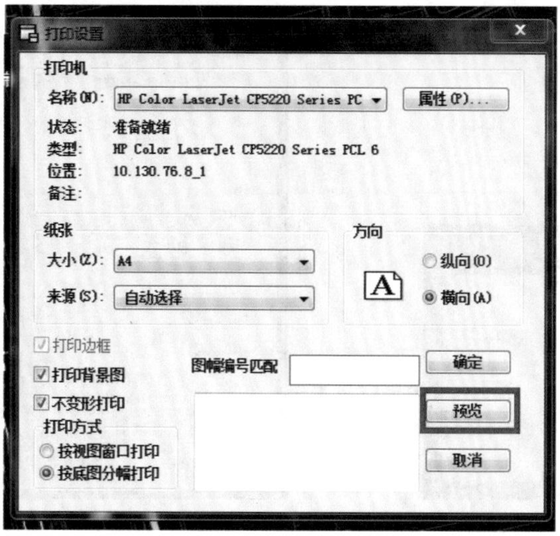

图 207 打印设置窗口

图 208 打印图纸

图 209 选择比例打印

图 210 "请划定打印范围"提示框

图 211 按比例分页打印设置的窗口

第四章

高压电缆排管工程的验收

91 > **什么是高压电缆排管工程的验收**？

高压电缆排管工程的验收一般分为中间验收与竣工验收。对于到排管工程竣工验收阶段已经施作完毕并覆土的结构物，需要在其施工过程中对分部分项工程进行中间验收，以更好地保证排管的工程质量。中间验收由监理单位组织。高压电缆排管工程在交付运维管理单位使用之前，建设单位应组织竣工验收，验收合格后方可启用该排管。运维管理单位应参与中间验收及竣工验收。

中间验收主要依据现场管控查验高压电缆排管工程的覆土深度及构件尺寸、施工质量等，并同时确认正在施工部分的管位正确性。竣工验收分为资料验收与现场验收两步，先对建设规划许可证、设计蓝图、施工证照等工程资料与测绘资料进行查验，再依据资料至现场对照检验工程项目的合法性、完整性、正确性。

92 > **高压电缆排管工程验收的主要工作有哪些**？

高压电缆排管工程验收的主要工作如图 212 所示。

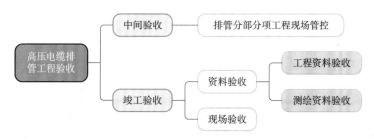

图 212 高压电缆排管工程验收的主要工作

93 > 验收中遇到的常见问题有哪些?

中间验收遇到的常见问题如图 213 所示。

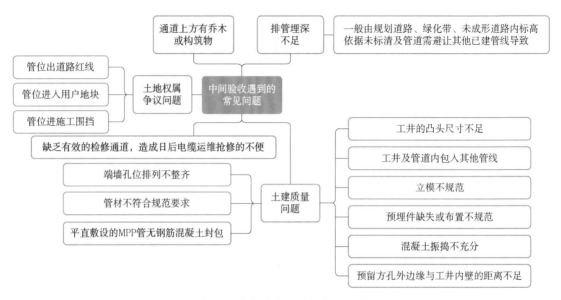

图 213 中间验收遇到的常见问题

竣工验收遇到的常见问题如图 214 所示。

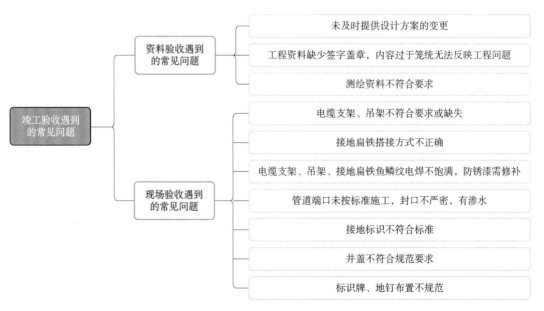

图 214 竣工验收遇到的常见问题

第一节 · 中间验收

94 > 高压电缆排管工程中间验收的检验项目一般有哪些?

需要进行中间验收的项目一般如图 215 所示。

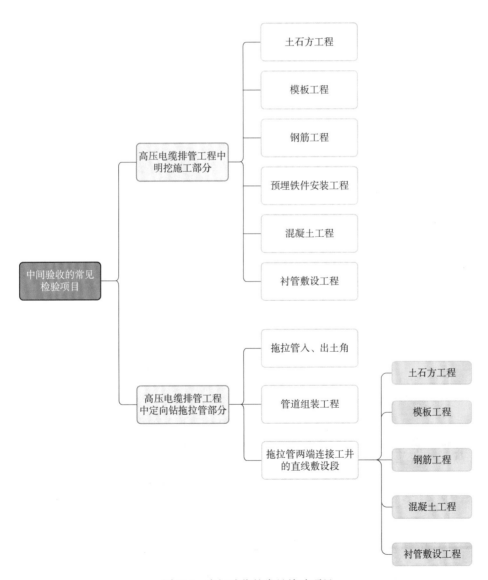

图 215 中间验收的常见检验项目

95 〉 对土石方工程进行验收时通常需要检验哪些项目？

对土石方工程进行验收时应注意检查的项目见表 67。

表 67　验收土石方工程时一般应注意检查的项目

序号	检验项目	要　求	检查方法
1	管位	土石方工程的放样实施管位应与设计蓝图相符，符合《建筑地基基础工程施工质量验收标准》GB 50202、建设工程规划许可证等相关标准	现场判断
2	沟槽深度	沟槽深度应能够使工井及管道的埋设深度严格按照设计要求进行实施	现场观察或用尺量抽查
3	障碍物	排管工程项目施工作业范围内不应有障碍物。遇到管线等障碍物应提醒施工单位将其搬迁或清除，如无法搬迁或清除，应提醒施工单位及时与建设单位及设计方联系解决，办理好书面变更手续	现场观察
4	沟槽支护	工井沟槽应按照《建筑基坑支护技术规程》JGJ 120 的要求设置支护	现场观察、检查施工记录
5	回填覆土	混凝土工程施工完毕回填覆土时，应注意回填的土料应符合《建筑地基基础工程施工质量验收标准》GB 50202 第 9.5 条土石方回填的相关要求，确保按标准分层夯实	可检查施工记录、影像资料

96 〉 对模板工程进行验收时通常需要检验哪些项目？

应依据《混凝土模板用胶合板》GB/T 17656、《混凝土结构工程施工质量验收规范》GB 50204 等规范与设计图纸对模板工程质量进行验收。对模板工程进行验收时应注意检查的项目见表 68。

表 68　验收模板工程时一般应注意检查的项目

序号	检验项目	要　求	检查方法
1	模板及其支架	模板及其支架，保证其具有足够的强度、刚度和稳定性。其支架的支承部分必须具有足够的支承面积。模板表面应清理干净，脱模剂涂刷应均匀	现场观察或用尺量抽查
2	模板间接缝	模板间接缝的宽度，墙身、顶板、底板，使用木制模板时宽度不应超过 3 mm，使用钢制模板时不应超过 2 mm	现场观察或用测量工具抽查

(续表)

序号	检验项目	要　　求	检查方法
3	模板间距	注意两侧模板间的距离、内外模间距、顶模到底板的垂直距离及预留方孔的位置,确保浇筑后的钢筋混凝土构件尺寸满足设计要求	根据设计图纸用测量工具抽查

97 〉 对钢筋工程进行验收时通常需要检验哪些项目?

依据《混凝土结构工程施工质量验收规范》GB 50204、《混凝土中钢筋检测技术标准》JGJ/T 152、《钢筋混凝土用钢》GB/T 1499.1、GB/T 1499.2、设计图纸等资料对钢筋工程进行验收。对钢筋工程进行验收时应注意检查的项目见表69。

表69　验收钢筋工程时一般应注意检查的项目

序号	检验项目	要　　求	检查方法
1	钢筋的布置	钢筋的规格、形状、尺寸、数量、间距、接头设置,确保其符合设计要求和施工规范的规定	根据设计图纸现场观察或尺量抽查
2	钢筋的连接	钢筋弯钩的朝向及绑扎接头、搭接长度是否符合施工规范规定。绑扎完成的钢筋网结构应符合设计图纸要求并具有足够的强度	

98 〉 对预埋铁件工程进行验收时通常需要检验哪些项目?

M1、M2、M3、M4、M9型(拉环)预埋铁件与工井底板、侧墙、端墙的钢筋绑扎、各类预埋铁件与模板固定应稳固。固定在模板上预埋铁件的数量,规格和位置及预留孔的数量和位置应符合设计要求,不得遗漏或错位。

99 〉 对混凝土工程进行验收时通常需要检验哪些项目?

依据表70中的规范与设计图纸等资料对混凝土工程进行验收。

表70　混凝土工程的相关规范

序号	规范名称	规范编号
1	《混凝土结构工程施工质量验收规范》	GB 50204
2	《混凝土设计规范》	GB 50010

(续表)

序号	规范名称	规范编号
3	《混凝土强度检验评定标准》	GB/T 50107
4	《混凝土结构工程施工规范》	GB 50666
5	《预拌混凝土》	GB/T 14902
6	《回弹法检测混凝土抗压强度技术规程》	JGJ/T 23
7	《普通混凝土拌合物性能试验方法标准》	GB/T 50080
8	《普通混凝土力学性能试验方法标准》	GB/T 50081
9	《普通混凝长期性能和耐久性能试验方法标准》	GB/T 50082

对混凝土工程进行验收时应注意检查表 71 中的项目。

表 71　验收混凝土工程时一般应注意检查的项目

序号	检验项目	要　　求	检查方法
1	预拌混凝土	混凝土质量应合格	抽查质量证明文件
		预拌混凝土不应有离析的现象	现场观察
2	混凝土坍落度及强度	结构混凝土的强度等级必须符合设计要求。用于检查结构构件混凝土坍落度及强度的试件,应在混凝土浇筑地点随机抽取	可检查施工记录及试件强度试验报告
3	混凝土浇筑质量	混凝土的倾落高度不得超过 2 m,大于 2 m 时应采用滑槽或溜管; 工井浇筑底板混凝土时,应一次浇筑完毕,并根据设计要求设置墙身施工缝; 浇筑工井墙身及顶板混凝土时,应在底板混凝土抗压强达到 1.2 MPa,用人工凿除缝口表面的松散层,均匀铺浇一层 2 mm 左右厚的与墙身混凝土同级别的水泥砂浆,一次浇筑完毕	可检查施工记录、影像资料、试件强度试验报告
4	混凝土振捣	工井底板满足表 27 要求、顶板及墙身满足表 28 要求,管道满足表 32 中的要求。素混凝土垫层用平板振动器振捣,捣固时间应控制在 25~40 s,应使混凝土表面呈现浮浆和不再沉落	
5	混凝土养护	满足表 17 要求	

100 ＞ 混凝土的外观质量缺陷主要有哪些?

混凝土的外观质量缺陷主要如图 216 所示。

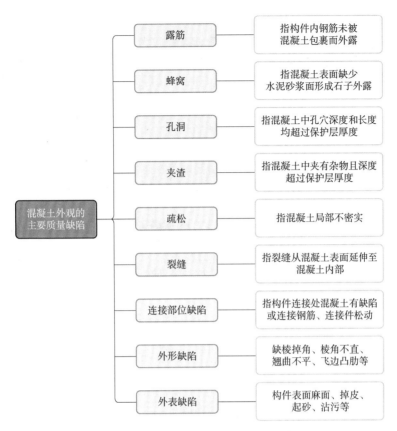

图 216　混凝土外观的主要质量缺陷

101 > 对衬管敷设工程进行验收时通常需要检验哪些项目?

对衬管敷设工程进行验收时应注意检查的项目见表 72。进入工井进行检查时应遵守图 48 中的安全要求。

表 72　验收衬管敷设工程时一般应注意检查的项目

序号	检验项目	要　　求	检查方法
1	管材品种及质量	确保管材的品种、质量必须符合设计要求和有关标准规定	可抽查出厂证明、质保书和试验报告
2	衬管内径	不应小于电缆外径的 1.5 倍,且不宜小于 150 mm	根据设计图纸尺量抽查
3	衬管外观	衬管内部应光滑无毛刺,管口应无毛刺和尖锐棱角	现场观察
4	混凝土垫块(管枕)	为保证管材间距一致,应采用设计所规定的混凝土垫块(管枕)且每根管材下的管枕不少于 3 块,分层放置;管枕不得放在管材的接头上,管材间上下两层的管枕应错开放置,管枕与接头之间的距离不小于 300 mm	现场观察及用尺量抽查

（续表）

序号	检验项目	要　　求	检查方法
5	衬管的通畅性	衬管应顺直平畅,衬管接口应严密; 衬管敷设完毕后,必须用衬管疏通器进行双向通管检查:Φ150 mm 内径用 Φ127 mm×600 mm 的疏通器, Φ175 mm、Φ200 mm 内径用 Φ159 mm×600 mm 的疏通器	现场观察及通管抽查
6	管道接入工井的位置	预留方孔外边缘与工井顶板、底板、墙身内壁的距离应符合设计规定。如无明确规定,应不小于 20 cm。	现场观察及用尺量抽查

102 〉 对定向钻拖拉管的管道组装工程进行验收时通常需要检验哪些项目?

在对水平定向钻进拖拉管的组装工程进行验收时,应注意检查表 73 中的项目。

表 73　验收定向钻进拖拉管的组装工程时一般应注意检查的项目

序号	检验项目	要　　求	检查方法
1	管材及其包装、运输和存放	应符合相关标准(例如上海市电力公司企业标准《水平定向钻进铺设电力管道工程技术规程》Q/SDJ 1013 的规定)	可抽查管材的出厂质保单及施工记录
2	衬管外观	衬管内外壁应光滑平整,无气泡、裂口、裂纹、脱皮和明显的痕纹、凹陷,且色泽基本一致	现场观察
3	衬管热熔焊缝处的外壁	衬管热熔焊缝处的外壁,焊接接口平面与管轴线垂直	现场观察
4	衬管热熔焊缝处的内壁	确认施工方已将衬管内壁热熔焊缝处的凸出部分整平,以免电缆在管内敷设时受到损伤	可使用管线内窥镜抽样检查

103 〉 对于拖拉管入、出土角及两端直线敷设段通常需要检验哪些项目?

入、出土角宜控制在 8°~20°,钻杆入土前及第一根钻杆钻入土时,钻机倾角指示装置显示的倾角应符合设计图纸的要求。

对定向钻拖拉管两端出、入土坑沟槽进行验收时应注意检查的项目见表 74。

表 74　验收定向钻进拖拉管两端出、入土坑沟槽时一般应注意检查的项目

序号	检验项目	要　　求	检查方法
1	沟槽位置	出、入土坑沟槽应按照电缆排管的走向设置。非开挖定向钻拖拉管长度不宜超过 150 m,入土坑到起始端工井、出土坑到接收端工井的距离均为 10 m 左右,出、入土坑沟槽之间的距离不宜超过 130 m	依据建设工程规划许可证、河道许可证与设计图纸,在现场判断

（续表）

序号	检验项目	要　求	检查方法
2	障碍物	沟槽内不应有障碍物。遇到管线等障碍物应请设计方变更出、入土坑的位置	现场观察
3	沟槽支护	应按照《建筑基坑支护技术规程》JGJ 120 的要求设置支护	现场观察、检查施工记录

　　出、入土坑到两端工井的直线敷设段的土石方工程、模板工程、钢筋工程、混凝土工程、衬管敷设工程的检验项目参考问答 95、问答 96、问答 97、问答 99、问答 101。

第二节·竣工验收

104 > 高压电缆排管工程竣工验收的作业程序是什么？

　　高压电缆排管的竣工验收工作一般包括资料验收、现场验收两部分。一般情况下，竣工验收的流程如图 217 所示。

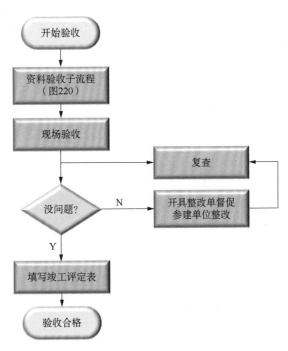

图 217　高压电缆排管工程竣工验收的流程图

105 > 资料验收的主要检验项目有哪些?

资料验收的流程如图 220 所示,包括工程资料验收、测绘资料验收。其中工程资料验收的大部分检验项目(需归档的项目)见问答 110,其中重点检查的项目在图 218 中。图 218 中部分资料不需归档,但在验收过程中仍须重点检查。

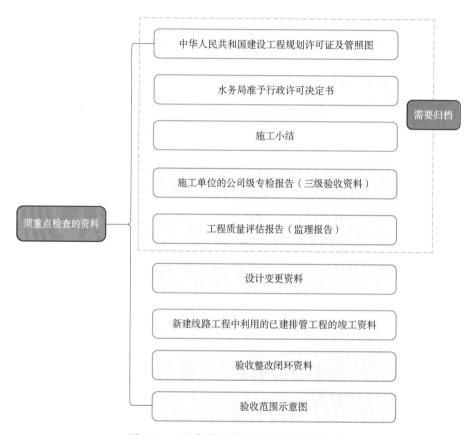

图 218　工程资料验收中须重点检查的资料

验收工程资料时,主要检查资料内容的合法性、完整性、正确性是否满足相关法律法规、工程规范等规章制度的要求,并检查资料能否真实反映该工程施工过程中的关键数据。

测绘资料验收的内容见问答 111。验收中对测绘资料的要求见问答 112。

106 > 现场验收的主要检验项目有哪些?

现场验收主要检验工井内装饰面及工井尺寸、封闭式工井的人孔及井盖、敞开式工井的盖板、管道内孔位及衬管疏通情况，并对测绘资料进行现场复核。具体项目大致如图 219 所示。下井作业时应遵守图 48 中的安全要求。

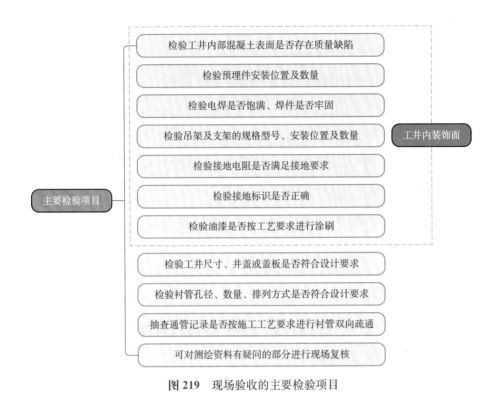

图 219　现场验收的主要检验项目

107 ＞ 工井内装饰面的具体检验内容一般有哪些?

工井内装饰面的一般性具体检验内容见表 75。

表 75　工井内装饰面的一般性具体检验内容

序号	检验项目	要　求	检查方法
1	泄水坡度	朝向工井底板集水坑的泄水坡度不应小于 0.5%	可使用水平尺检查
2	工井内壁平整度	工井墙顶面模板缝的渗浆应清理干净,工井内壁应平整	现场观察
3	预埋件	工井内的所有预埋件的规格和数量应符合设计要求	现场观察或尺量抽查
4	支架、吊架	电缆金属支架、吊架的规格尺寸和数量应满足要求,外观无毛刺,并采取防腐处理; 电缆支架应排列整齐、横平竖直,电缆支架的层间垂直距离应保证电缆能方便地敷设和固定	现场观察或尺量抽查

（续表）

序号	检验项目	要　　求	检查方法
5	接地通道	金属支架、吊架必须用接地扁铁环通（图 90），接地通道应良好，接地电阻应小于 4 Ω	现场观察、使用摇表抽测接地电阻
6	接地扁铁	接地扁铁的截面应满足尺寸要求（6 mm 厚，40 mm 宽）。电缆接地连接点焊接接触面积要达到接地扁铁宽度的 2.5 倍，三面焊接处应饱满	现场观察或尺量抽查
7	防锈漆	接地扁铁及预埋件连接支架、吊架的角铁的防锈漆应涂刷饱满	
8	标识的涂刷	靠近接地连接点（M3 预埋铁件）接地扁铁处的三黄三绿接地标识，以及井内端墙上管道封口处的漆质标色的涂刷应规范	现场观察
9	螺栓、螺帽	支架、吊架的螺栓、螺帽应符合设计要求	
10	更换或增设电缆的条件	在同层支架敷设多根电缆时，应充分考虑更换或增设任意电缆的可能	

108 工井尺寸、人孔、井盖井座、盖板、管道内孔位及测绘资料的现场检验内容一般有哪些？

工井尺寸、人孔、井盖井座、盖板、管道内孔位及测绘资料现场检验的一般内容见表 76。

表 76　工井尺寸、人孔、井盖井座、盖板、管道内孔位及测绘资料的常见现场检验内容

序号	检验项目	要　　求	检查方法
1	工井数量、位置	工井数量、位置应与设计图一致	根据设计图现场观察
2	工井尺寸	工井尺寸应符合设计要求，一般应满足表 23 的要求，应重点检查布设接头工井的尺寸，以及有凸口工井的凸口尺寸	现场观察或用测量工具抽查
3	封闭式工井的人孔	人孔应符合设计要求，一般应满足表 24 的要求；人孔一般为砖砌形式，高度应符合路面标高，砌缝必须以砂浆充实抹平	
4	封闭式工井的井盖井座	应符合设计要求，一般应满足表 24 的要求；标准球墨全铸铁井盖井座如图 84 所示	现场观察
5	敞开式工井的盖板	应不存在缺失、破损、不平整现象，应符合路面标高，不应影响行人、过往车辆的安全	

（续表）

序号	检验项目	要求	检查方法
6	管道内孔位	在工井内部对管道内孔位进行复核。衬管孔位间距、排距的允许偏差都应不大于 20 mm。工井端墙上的衬管孔位应齐整，如图 44 所示。明挖排管及定向钻拖拉管两端工井的孔位排列应一一对应	现场观察、尺量抽查
7	测绘资料	测绘资料应与实际情况相符，可对测绘资料有疑问的部分进行现场复核	可采取现场开挖样沟复核或使用管道惯性定位仪、地下管线探测仪进行抽测
8	衬管的通畅性	确保衬管疏通双向通过无阻碍	核对检查衬管疏通的施工记录

第五章

高压电缆排管工程的资料

109 > 高压电缆排管工程项目的资料验收、归档流程一般是什么?

设计单位、施工单位、测绘单位等参建单位,在完成各自职责范围内工作后应及时收集工程项目的资料以备建设单位与运维管理单位验收。高压电缆排管工程的资料包括工程资料(见问答 110)、测绘资料(见问答 111)。资料验收的流程如图 220 所示。

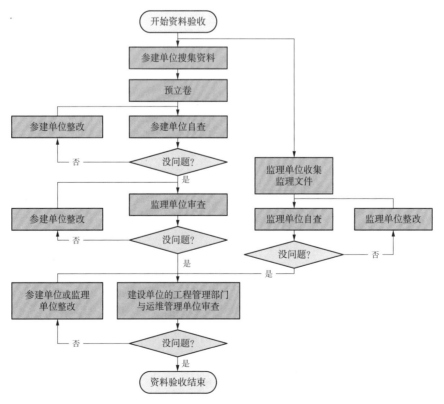

图 220 高压电缆排管工程的资料验收流程

图 220 中,设计、施工、测绘等文件预立卷完毕经立卷单位自查后,依次由监理单位、建设单位工程管理部门和运维管理单位进行审查;监理文件预立卷完毕并自查后,依次由项目建设单位工程管理部门与运维管理单位审查。每个审查环节均应形成记录和整改闭环。

各参建单位应在项目投运后 3 个月内向项目建设单位归档项目文件。资料归档的流程如图 221 所示。

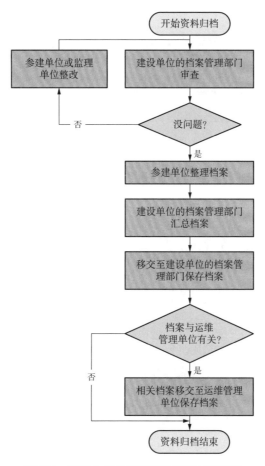

图 221　高压电缆排管工程的资料归档流程

如图 221 所示,建设单位档案管理部门应对资料进行审查。每个审查环节均应形成记录和整改闭环。建设单位档案管理部门依据项目档案分类方案对全部项目档案进行统一的汇总整理。建设单位档案管理部门应编制项目档案案卷目录,建立项目档案管理卷。项目档案管理卷一般包括项目概况、标段划分、参建单位归档情况说明、档案收集整理情况说明、交接清册等。

项目档案经建设单位审查合格后,应按规定时间将全套项目档案向建设单位档案管理部门或其委托的档案保管单位移交,其套数按合同条款约定和有关规定执行。同时,向运维管理单位移交与运维管理相关的项目档案。

第一节·项目的资料

110 > 工程资料通常有哪些?

高压电缆排管工程中,一般需要收集、验收、归档的工程资料见表 77。

表 77　一般需要收集、验收、归档的工程资料

分类类目号	种类	内　容
8300	证照	中华人民共和国建设工程规划许可证及管照图、水务局准予行政许可决定书
8303	施工方案	施工组织设计、施工技术方案、报审表等
8303	与设计方的联系记录	设计变更、工程业务联系单、设计变更汇总表
8303	执照与会议纪要	掘路执照、占掘路施工交通安全意见书、地下交底卡、管线交底、设计交底等各类会议纪要
8304	水平定向钻拖拉管资料	水平定向钻拖拉管案卷内容(单独立卷)、物探勘察成果报告、特殊施工方案、工程放样(复核)记录施工记录、设计 CAD 纵向平面断面图、施工进度表、施工记录(水平导向钻进记录表、钻机回扩记录表、钻机回拖记录表、衬管疏通记录等)、工程材料产品质量保证书及试验报告、三维测量资质证书复印件、水平定向钻拖拉管竣工验收报告单、各类报审表
8304	施工过程记录	开工报告、质量验评划分、线路复测、工程放样(复核)记录、工井施工记录、管道施工记录、隐蔽工程报验单、隐蔽工程验收记录、支架装配记录、衬管疏通记录、各类报审表
8304	分项工程质量评定记录	沟槽分项、钢筋、模板、预埋铁件、混凝土、衬管敷设分项工程质量检验评定表、各类报审表
8304	工程材料质量评定记录	钢筋、管材、混凝土、预埋铁件、井盖、电焊条质保书、试验报告、混凝土配合比报告、抗压试验报告、各类报审表
8304	竣工文件	施工小结、自验(自验收、预验收)、监理初验申请表、质量专检报告、竣工报告、竣工验收报告单、质量评估报告、工程量清单、报审表
8311	竣工图	电缆排管土建竣工图、电缆排管电气(走向)竣工图(米字格)、水平定向钻拖拉管竣工图

111 > 测绘资料包括哪些内容?

高压电缆排管工程中,一般需要收集、验收、归档的测绘资料如图 222 所示。

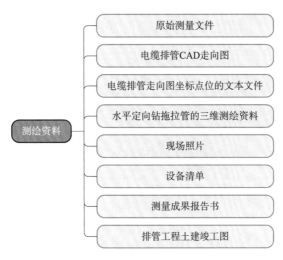

图 222   一般需要收集、验收、归档的测绘资料

112 〉 对测绘资料一般有哪些要求？

测绘资料一般应包括的内容如图 222 所示。其中原始测量文件是在现场测量后从测量仪器上直接导出未经修改的文件。

对电缆排管 CAD 走向图的常见要求如图 223 所示。其中，布设在管道箱体上的测点与对应路面高程的高差（箱体埋深）在图中的标注如图 224 所示。

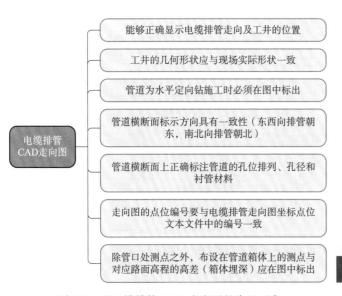

地面点高程3.937 m
管道箱体埋深1.25 m

131

图 223 对电缆排管 CAD 走向图的常见要求

图 224 标明测点与对应路面高程的高差（箱体埋深）

对电缆排管走向图坐标点位文本文件的常见要求如图225所示。其中,数据文件的标准格式如图226所示。图226中第一行的"1"表示第一个坐标点,也可用英文字母表示,"—4 753.577 0"表示点位的 X 轴坐标,"4 563.729 0"表示点位的 Y 轴坐标,"—1.587 0"表示点位的 Z 轴坐标,点位坐标之间用逗号隔开。

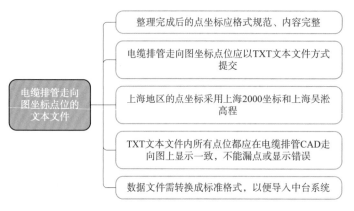

图225 对电缆排管走向图坐标点位文本文件的常见要求

图226 坐标点位数据
文件的样例

对于定向钻拖拉管,还需提供管道经惯性定位测量的三维测绘资料。对水平定向钻拖拉管三维测绘资料的一般要求如图227所示。

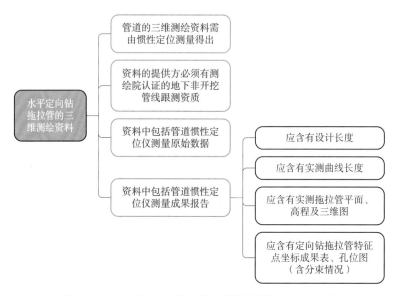

图227 对水平定向钻拖拉管三维测绘资料的一般要求

对现场照片的一般要求如图228所示。设备清单中应收集衬管材质、内外径尺寸、埋设时间、功能用途等相关信息。对测量成果报告书的一般要求如图229所示。

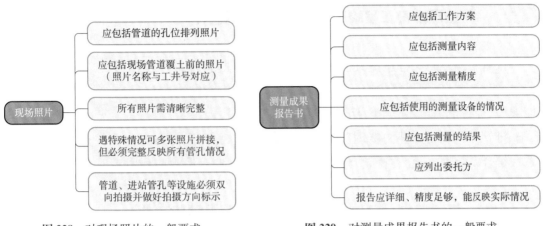

图 228　对现场照片的一般要求　　　　图 229　对测量成果报告书的一般要求

工程竣工时，设计单位或施工单位应按合同约定编制排管工程土建竣工图。竣工图编制完成后，监理单位应对竣工图编制的完整、准确、系统和规范情况进行审核。竣工图应满足《国家电网有限公司电网建设项目档案管理办法》国网(办/4)571 中的规定。

第二节 · 资料的归档

113 > 预立卷是什么？

排管工程项目文件在办理完毕后应及时收集齐全，并进行预立卷。排管工程的资料归档中的预立卷一般指按照《国家电网有限公司电网建设项目档案管理办法》国网(办/4)571 中的《110～750 千伏输电线路项目文件归档范围、保管期限表》及其他相关规定，先判断资料文件是否需要归档，再按要求将资料分类。

114 > 资料归档中的自查及审查主要检查什么？

自查及审查档案时，主要检查档案的规范性与完整性是否满足《国家电网有限公司电网建设项目档案管理办法》国网(办/4)571 等相关档案管理规范的要求。关于资料具体内容的检查是在工程竣工验收中的资料验收时完成。

115 整理排管工程竣工档案的基本要求是什么？

排管工程项目文件应由文件形成单位进行整理，整理工作包括项目文件价值鉴定、分类、组卷、装订、编目等内容。依据《110～750千伏输电线路项目文件归档范围、保管期限表》进行价值鉴定、分类、组卷，确定其保管期限。

排管工程项目文件的整理应遵循文件的形成规律，保持案卷内文件材料的有机联系。符合系统性、成套性特点，分类科学，组卷合理，便于保管和利用。

116 资料归档、移交时一般还需填写、签署哪些文件？

项目文件归档时，归档单位（部门）应填写《电网建设项目文件归档登记表》，并附归档文件清册，归档单位（部门）、审查单位（部门）与接收单位（部门）签署意见，交接双方各留存一份。

项目档案移交时，应填写《电网建设项目档案交接登记表》，并附案卷目录清册，移交单位（部门）与接收单位（部门）签署意见，双方各留存一份。停、缓建的项目，项目档案由建设单位负责保存。

117 对排管工程中电子文件的归档与管理有哪些基本要求？

排管工程中项目电子文件的主要内容如图230所示。

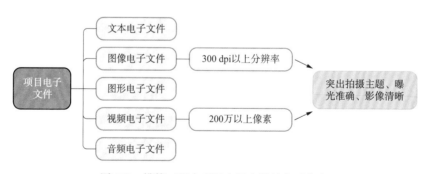

图230 排管工程中项目电子文件的主要内容

项目建设相关职能部门、机构，各参建单位应按照项目档案信息化的要求，归档项目文件时，同步归档经整理的项目电子文件。

项目电子文件可采取在线归档或离线归档两种方式，归档项目电子文件应在内容、格式、相关说明及描述上与纸质项目档案保持一致，且二者应建立关联。同时，项目电子档案应统一挂接到国家电网有限公司档案管理信息系统,便于利用。

118 > 对排管工程竣工档案的保管有哪些基本要求?

排管工程竣工档案保管单位应为项目档案的安全保管提供必要的设施设备,建立项目档案接收、保管、利用、统计、编研等相关管理制度,根据档案的成分和状况,采取安全的存放方式和防护措施,最大限度地防止和减少档案的损毁,延长档案的寿命,维护档案的系统性和完整性,确保档案被安全和有效地利用。

119 > 什么是档案验收? 有哪些基本要求?

对排管工程竣工档案验收的一般要求如图 231 所示。

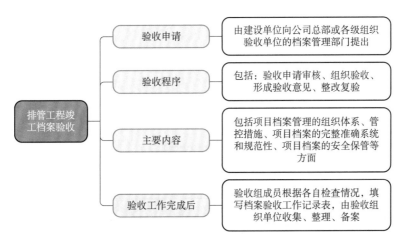

图 231 对排管工程竣工档案验收的一般要求

验收合格的项目,应形成验收结论性意见,在验收总结会上宣布并在会后印发相关单位。对验收不合格的,由项目档案验收组提出整改意见,要求项目责任单位限期整改,并进行复查。复查后仍不合格的,由项目档案验收组提请有关部门对项目责任单位通报批评。造成档案损失的,应依法追究有关单位及人员的责任。

第六章

高压电缆排管的日常运维

第一节 · 日常巡视

120 高压电缆排管日常巡视的一般要求有哪些？

高压电缆排管日常巡视的一般要求如图 232 所示。

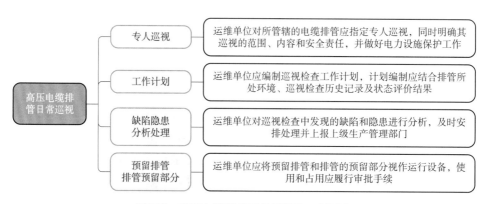

图 232 高压电缆排管日常巡视的一般要求

121 高压电缆排管的巡视周期是多长时间？

运维单位应根据排管的特点划分区域,结合状态评价和运行经验确定通道的巡视

周期。同时依据通道区段和时间段的变化,及时对巡视周期进行必要的调整。110 kV
及以上电缆的排管巡视周期一般可参考表 78。

表 78 110 kV 及以上电缆的排管巡视周期

序号	区　域	巡视周期
1	110(66)kV 及以上电缆通道外部	半个月
2	发电厂、变电站内电缆通道外部	三个月
3	电缆通道内部巡视	三个月
4	单电源、重要电源、重要负荷、网间联络等电缆及通道的巡视	不应超过半个月
5	通道环境恶劣的区域,如易受外力破坏区、偷盗多发区、采动影响区、易塌方区等	一般为半个月,在相应时段加强巡视

122 > 高压电缆排管日常巡视的要求及主要内容有哪些?

电缆排管日常巡视的要求及主要内容为:

(1)通道巡视应对通道周边环境、施工作业等情况进行检查,及时发现和掌握通道环境的动态变化情况。

(2)在确保对电缆巡视到位的基础上宜适当增加通道巡视次数,对通道上的各类隐患或危险点安排定点检查。

(3)对电缆及排管靠近热力管或其他热源、电缆排列密集处,应进行电缆环境温度、土壤温度和电缆表面温度监视测量,以防环境温度或电缆过热对电缆产生不利影响。

(4)工井及管道日常巡视的要求及主要内容按表 79 执行。

表 79 工井及管道日常巡视的主要内容

部分	内　容
工井	接头工井内是否长期存在积水现象,地下水位较高、工井内易积水的区域敷设的电缆是否采用阻水结构; 工井是否出现基础下沉、墙体坍塌、破损现象; 盖板是否存在缺失、破损、不平整现象; 盖板是否压在电缆本体、接头或者配套辅助设施上; 盖板是够影响行人、过往车辆安全
管道	预留管孔是否采取封堵措施

第二节 · 运行维护

123 > 高压电缆排管维护的内容主要有哪些?

高压电缆排管维护的主要内容如图 233 所示。其中进入工井清理垃圾、抽水、清淤、堵漏防水时,应遵守图 48 中的安全要求。

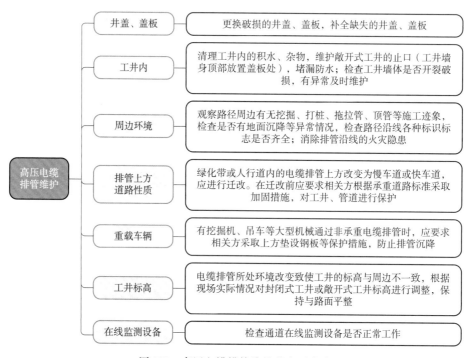

图 233 高压电缆排管维护的主要内容

124 > 在哪种情况下,工井需要维护?

对封闭式工井井盖损坏、敞开式工井盖板损坏、工井墙体开裂破损(图 234)等情况,以及电缆桥变形或下沉,所引起的构筑物结构缺陷(可引起连接电缆桥的工井损伤,如图 234 所示),造成危及电缆本体、接头或者配套辅助设施运行安全时,需进行维护。

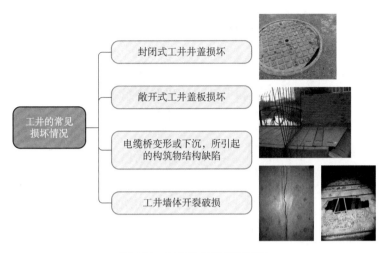

图 234 工井的常见损坏情况

125 〉 高压电缆排管的主要隐患有哪些，应如何应对？

高压电缆排管的主要隐患及其应对措施如图 235 所示。

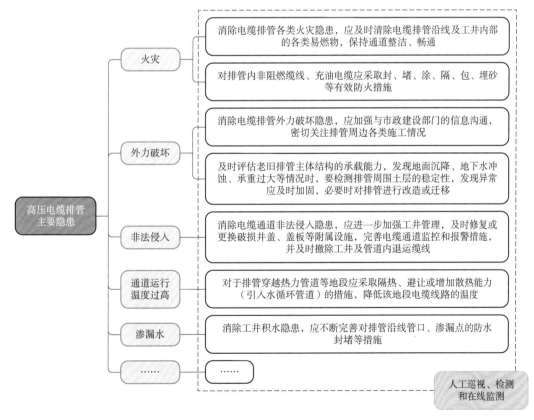

图 235 高压电缆排管的主要隐患及其应对措施

126 高压电缆排管通道常用的智能化设备有哪些,对应功能是什么?

高压电缆排管通道常用的智能化设备包括:智能可视化巡检装置、智能井盖、智能地钉、智能电缆桩、分布式光纤测温测振动一体机监测系统、沉降监测装置。各种设备的功能如图 236—图 241 所示。

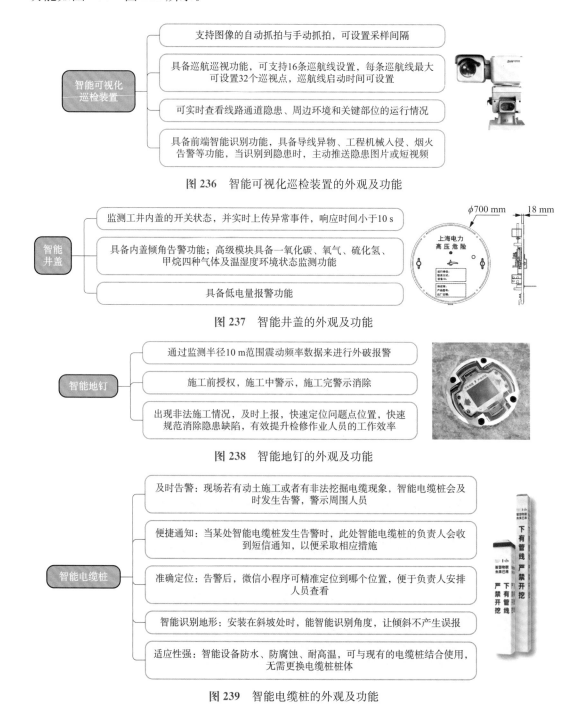

智能可视化巡检装置

- 支持图像的自动抓拍与手动抓拍,可设置采样间隔
- 具备巡航巡视功能,可支持16条巡航线设置,每条巡航线最大可设置32个巡检点,巡航线启动时间可设置
- 可实时查看线路通道隐患、周边环境和关键部位的运行情况
- 具备前端智能识别功能,具备导线异物、工程机械入侵、烟火告警等功能,当识别到隐患时,主动推送隐患图片或短视频

图 236 智能可视化巡检装置的外观及功能

智能井盖

- 监测工井内盖的开关状态,并实时上传异常事件,响应时间小于10 s
- 具备内盖倾角告警功能;高级模块具备一氧化碳、氧气、硫化氢、甲烷四种气体及温湿度环境状态监测功能
- 具备低电量报警功能

图 237 智能井盖的外观及功能

智能地钉

- 通过监测半径10 m范围震动频率数据来进行外破报警
- 施工前授权,施工中警示,施工完警示消除
- 出现非法施工情况,及时上报,快速定位问题点位置,快速规范消除隐患缺陷,有效提升检修作业人员的工作效率

图 238 智能地钉的外观及功能

智能电缆桩

- 及时告警:现场若有动土施工或者有非法挖掘电缆现象,智能电缆桩会及时发生告警,警示周围人员
- 便捷通知:当某处智能电缆桩发生告警时,此处智能电缆桩的负责人会收到短信通知,以便采取相应措施
- 准确定位:告警后,微信小程序可精准定位到哪个位置,便于负责人安排人员查看
- 智能识别地形:安装在斜坡处时,能智能识别角度,让倾斜不产生误报
- 适应性强:智能设备防水、防腐蚀、耐高温,可与现有的电缆桩结合使用,无需更换电缆桩桩体

图 239 智能电缆桩的外观及功能

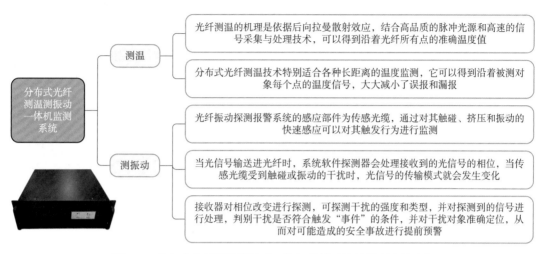

图 240 分布式光纤测温测振动一体机监测系统的外观及其功能

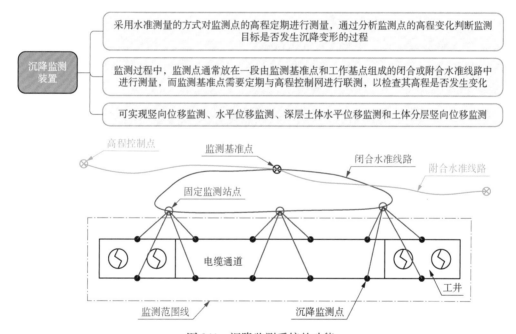

图 241 沉降监测系统的功能

第二篇

应用案例

选择某 110 kV 高压电缆排管的路径时发现存在土地权属争议问题

问题描述

2021 年某日,选线单位对某 110 kV 高压电缆排管进行路径选择的过程中,现场勘查发现,该工程拟利用的一段已建排管中一座工井及前后两段管道进入建筑红线,在建筑围墙下方(图 242)。该情况违反排管管位要求,遂与参建各方协商后,将管位变更至建筑红线外。

图 242 排管进入建筑红线

整改情况

相关单位沟通后决定,由施工方将进入红线部分的管道、工井拆除,并在变更后的合法管位上新建通道,避免了电缆排管通道的土地权属争议问题。

小结

电缆排管的管位合法性是排管工程的重中之重,本次现场勘查发现的进入红线部分为已建中低压排管,原计划将与本次工程新建的排管共同构成本次电缆敷设所用的通道。选线人员根据拟定的排管路径现场勘查,及时发现了问题,保障了排管管位的合法性,也体现了全线巡视的重要性。

案例二

施工前发现某 110 kV 高压电缆排管工程的管位上方有建筑物

问题描述

某公司对某 110 kV 高压电缆排管工程进行施工前现场踏勘时,发现拟建的某段定向钻拖拉管上方有一处建筑物(民房),不满足高压电缆排管的建设、运行要求。

问题分析

在某高压电缆排管工程的施工前准备工作中,施工单位发现某段定向钻拖拉管的管位上方有建筑物(民房),如图 243 所示。根据现场复核建设规划许可证及管照图信息,发现该段定向钻拖拉管的管位与证照及图纸并无出入。

电力通道位置

图 243 定向钻拖拉管上方有建筑物

整改情况

电力电缆线路保护区为地下电缆为电缆线路地面标桩两侧各 0.75 m 所形成的两平行线内的区域。要求对该段定向钻拖拉管管位上方的建筑物(民房)进行拆除,排管中心线两侧各 5 m 地域范围内不允许有建筑物,并注意与居民区保持安全距离(图 244)。

图 244 拆除定向钻拖拉管上方的建筑物

小结

高压电缆排管土建施工前,应按设计要求进行现场踏勘。施工过程中,应严格按照建设规划许可证及管照图等信息,进行点位放样。现场踏勘发现排管上方有建筑物时,首先复核排管是否与规划图纸相符。若无误,应该采取一搬二隔三看护等运行保护措施,提高日后敷设在排管中高压电缆的运行安全性。

案例三

某110kV高压电缆排管工程的施工受大直径
管线影响将导致管道埋深不足

问题描述

某公司对某110kV高压电缆排管工程进行施工时,开挖样沟发现管道的管位被其下方的大直径给水管阻碍,给水管走向与本工程管位在水平面上的投影相交,调整管道标高绕道避让给水管时,将导致管道埋深不足1m,不满足高压电缆排管通道运行要求。

问题分析

某高压电缆排管工程在施工过程中,开挖样沟发现一条大直径给水管(图245)与本次工程排管管位在水平面上的投影相交,且该给水管管顶标高高于本次欲建电缆管道的底板标高。影响了本次排管工程的施工。该给水管在选线及设计阶段收集地下管线资料时未被发现。

图 245 开挖样沟发现大直径给水管

发现问题后,施工方立即告知各参建单位,共同协商解决问题的办法。本次工程是为重要用户供电,工期紧张,而搬迁大直径管线或调整规划方案的时间周期太长会影响工程如期完工。另一方面,若管道从该给水管上方跨越,估计最浅处管道箱体顶部的埋深尚有 0.55 m,不小于 0.5 m。有关部门商议后决定调整管道标高使管道从该给水管上方跨越,并对标高调整后箱体顶部埋深不足 0.7 m 的管道上方敷设钢板保护。

整改情况

对该段管道覆土不足 0.7 m 的位置采用敷设钢板的保护措施,如图 246 所示,钢板尺寸为长 12 m,宽 2.2 m,厚 0.02 m(图 247)。标高调整后最浅处箱体顶部埋深约为 0.55 m。

图 246　敷设钢板保护

图 247　钢板厚 0.02 m

小结

高压电缆排管土建施工过程中,应严格按照设计要求施工。对于新建管道管位下方存在与它在水平面上投影相交的其他管线,影响新建管道的情况,应先调整排管走向或搬迁管线,若无法实施,征得相关部门同意后,需调整管道标高,跨越避让时,对于标高调整后箱体顶部埋深不满足设计要求的部分应该采取敷设钢板等相应保护措施,提高高压电缆运行安全性。

案例四

某工程定向钻拖拉管施工误损运行中的 220 kV 高压电缆

问题描述

某日,某工程在某道路路口进行水平定向钻进拖拉法施工的拖管作业时,失误损坏运行中的某 220 kV 高压电缆。

问题分析

为加快该工程的进度,设计方将应承担的设计工作转包。设计收资时,并未要求运行中的该 220 kV 高压电缆的设备主人确认资料的完整性。设计分包单位委托某地质工程勘察院进行物探并出具报告,物探使用电磁感应法、瑞雷波反射法、电磁波反射法,探测深度 4.5 m,探测在 3.0 m 以内精度较高。但需要新建的定向钻拖拉管深度可达 7 m,报告采用的物探方法无法探测 7 m 地下情况,报告中未反映被损坏 220 kV 高压电缆拖拉管,应属无效的报告。设计分包单位根据无效的物探报告出具了工程设计图纸。

设计交底会上,该 220 kV 高压电缆的设备主人对道路下方的两路 220 kV 电缆进行了口头交底,设计方提供了设计图纸及资料,但相关单位的人员并未对资料准确性和设计合理性提出异议,没有明确指出资料中遗漏了一束内有在运行 220 kV 电缆的已建拖拉管。

该工程未向该 220 kV 高压电缆的管理单位办理管线交底卡就开始施工,被管理单位发现要求立即停工后,仍未停工。施工前物探利用原拖拉管预留孔进行通杆探测,并在地面标注地下拖拉管的位置。该通道为 20 孔,分南北两束。本次被损坏的电缆均位于南侧一束,南束孔位已经全部用完,预留孔均位于北侧一束。物探并不能有效反映实际情况。最终在管线回拖作业时失误损坏该 220 kV 高压电缆。

设计前的勘探和施工前的物探均未能准确反映南侧一束的电缆位置,相关部门之间沟通配合又不到位,最终导致误损的发生。

整改情况

设备管理单位立即展开抢修工作,在备品充足的情况下,利用该排管通道北侧一束的预留孔位敷设新的 220 kV 高压电缆取代被损坏的电缆。敷设、安装工作全部结束后,有计划地进行了电缆耐压试验,完毕后电缆抢修工作结束、汇报调度。

小结

城市中的地下管线错综复杂。进行施工前一定要做好管线信息的交底工作,与管线的管理单位确认资料的完整性及设计方案的安全性。在进行设计前的勘探和施工前的物探时,需要充分考虑新建工程及既有管线的实际情况,保证勘探资料能为设计提供有效依据,保证物探资料能够为施工提供有效的参考。

案例五

中间验收发现某220kV电缆排管迁改工程中某工井凸口尺寸不足

问题描述

某公司对某220kV高压电缆排管工程进行中间验收时,发现某三通工井侧墙凸口未按设计标准施工,根据钢板桩位置判断,该工井直线段不足1m,斜边不足1m,凸口尺寸不足,不满足电缆最小转弯半径,影响高压电缆敷设。

整改情况

凸口处重新打桩后继续施工,按设计标准(图248),做到凸口斜边1m、直线段1m,凸口长边达4.5m,凸口结构基本完工时如图249所示。

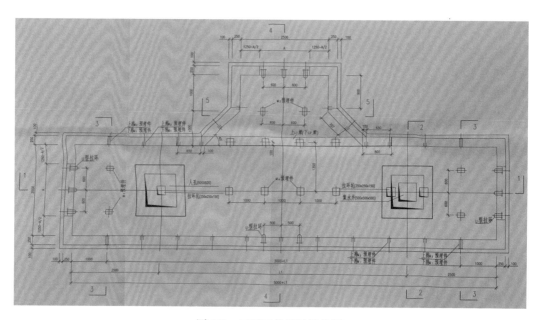

图248 三通工井设计结构图

图 249　整改后凸口

小结

（1）工井凸口的尺寸大小是影响电缆转弯敷设的重要因素之一。诸如凸口宽度不足、凸口深度不足、凸口斜边角度过大或过小等情况，均可能导致电缆无法满足最小转弯半径敷设或转弯后挡住人孔的后果。

（2）其他管线遮挡、客观施工原因等是导致凸口尺寸不足的主要原因。其他管线遮挡解决措施：施工方提前开挖样沟样洞、建设方与管线单位协商搬迁等。客观施工原因解决措施：加强对施工人员按标准设计图纸施工的宣贯、加强施工质量过程管控力度。

案例六

中间验收发现某 110 kV 高压电缆排管工程中有管线从工井侧墙穿入

问题描述

某 110 kV 高压电缆排管工程利用了多项中低压排管工程，涉及 110 kV 电缆线路新放 2 回路电缆，总长 5.3 km。其中位于某某路上的某中低压排管工程，在中间验收过程中发现存在以下土建通道问题：T2♯新建工井侧墙穿孔敷设 10 kV 工地临电。经现场勘查发现，工井内有一根低压电缆小线从侧墙穿入（图 250），随后从端墙管孔穿出，严重破坏工井结构，不满足验收要求。

图 250 一根低压电缆穿入工井侧墙

整改情况

经与道路方和工程建设方协商,双方明确临设电缆为儿童医院施工临电。针对工井侧墙穿孔敷设临电问题,我方建议尽快对临电线路进行搬迁并做好工井侧墙结构修复。建设方回复将于医院施工工程结束后对临电线路销户拆除,并交付整改影像资料,完成消缺闭环。搬出穿入工井侧墙的电缆并修复结构后如图 251 所示。

图 251　搬出穿入工井侧墙的电缆并修复结构

小结

电缆工井的结构由钢筋和混凝土组成,工井构造需具有完整性。若从工井顶板或侧墙穿孔会造成孔洞附近应力集中,降低工井结构强度,影响后续电缆敷设及投运工作,该问题需予以足够重视,尽快协调妥善解决。

案例七

竣工验收失误导致未发现某下穿河道的定向钻拖拉管到河床底部的最小保护距离不足

问题描述

某年 1 月,某 110 kV 输电线路投运,该线路的排管工程于投运一个月前完工并验收完毕。同年 6 月,该排管工程需下穿的某河道(图 252)开始疏浚施工,其间发现该排管工程中的一段定向钻拖拉管暴露于河床之上,无法满足定向钻拖拉管到河床底部的最小保护距离。

图 252 排管工程需下穿的某河道

问题分析

该排管工程中下穿该河道的定向钻拖拉管弧线长度为 158.67 m,共分两束施工,分别为 17 孔和 3 孔。根据测绘单位做的精探,其中 17 孔距离河床底以下 3 m,能够满足设计说明中的最小保护距离,另外 3 孔最浅处距离河床底 0 m,不符合设计说明中的最小保护距离,如图 253 所示。而该排管中 110 kV 输电线路中的两相(图 254)利用的却是保护距离不足的 3 孔。

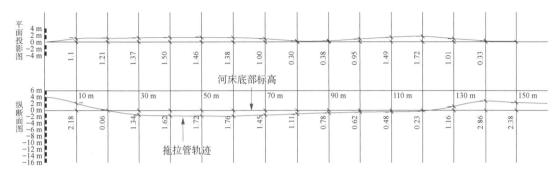

图 253　最小保护距离不符合要求的一束 3 孔轨迹示意图

图 254　利用的孔位中属于最小保护距离不符合要求的一束 2 孔

相关部门在施工中未仔细核对设计图纸、建规证、河道批复材料,在核对竣工资料时,只对其中定向钻拖拉管轨迹测量数据质量进行验收,并未结合河道证、设计图纸中的数据进行综合比对,因此,并未发现其中一束 3 孔拖拉管埋深过浅,未达到与河床底部的最小保护距离。

整改情况

测绘精探成果显示 8 号、15 号、16 号 3 孔为一束,埋设深度较浅,清淤过程中需进行保护,其余 17 孔为一束,埋设深度较深,无需保护措施。

小结

定向钻拖拉管与河床底部保持足够的最小保护距离,即不影响河道的疏浚清淤等施工,又为电缆线路的稳定运行提供一份安全保障。需注意对设计图纸、建规证、河道批复材料的核对,在施工前应核对每条过河定向钻拖拉管的轨迹图、剖面图,以及河道管理部门批复的河床底部高程数据。

案例八

整理测量数据时发现 GNSS - RTK 图根控制测量未按规范要求施测

问题描述

测绘工作人员整理某 110 kV 高压电缆排管工程测量数据时发现,作业人员使用 GNSS 接收设备结合 RTK 定位方法对此段工程进行图根控制测量时未按规范要求施测。如图 255 所示,原始观测数据中,使用 GNSS - RTK 进行图根平面、高程控制测量时,只进行了 1 次初始化,观测了 2 组数据,取平均值作为结果,初始化次数和观测组数均不满足规范要求,且未进行重复抽样检查,测量成果不合格,需重新测量。

	A	B	C	D	E	F	G	H
	名称	代码	北坐标	东坐标	高程	纬度	经度	大地高
	base_1		-1 86.822	-2 87.972	-103.395	31. 0002318	121. 5996766	5.324
	KZ1.1		-1 59.335	-2 57.101	-96.060	31. 0918013	121. 3868243	12.660
	KZ1.2		-1 59.337	-2 57.102	-96.055	31. 0918006	121. 3868240	12.666
	KZ2.5		-1 19.652	-2 56.150	-95.867	31. 1371563	121. 3870627	12.854
	KZ2.6		-1 19.652	-2 56.150	-95.859	31. 1371565	121. 3870626	12.862
	KZ3.1		-1 12.557	-2 58.394	-95.580	31. 1719280	121. 3861232	13.141
	KZ3.2		-1 12.555	-2 58.393	-95.585	31. 1719287	121. 3861237	13.136

图 255 GNSS - RTK 图根控制测量作业方法不规范

整改情况

对此段工程的平面、高程图根点按规范要求的方法进行重新补测(图 256),并以此为基准对全站仪和管道惯性定位仪的测量数据进行重新计算和解算,输出正确的管道测量成果。

名称	代码	北坐标	东坐标	高程	纬度	经度	大地高
base_1		-1 86.822	-2 87.972	-103.395	31. 0002318	121. 5996766	5.324
KZ1.1		-1 59.335	-2 57.101	-96.060	31. 0918013	121. 3868243	12.660
KZ1.2		-1 59.337	-2 57.100	-96.055	31. 0918006	121. 3868240	12.666
KZ1.3		-1 59.339	-2 57.100	-96.059	31. 0918000	121. 3868249	12.662
KZ1.4		-1 59.338	-2 57.101	-96.061	31. 0918002	121. 3868243	12.660
KZ1.5		-1 59.338	-2 57.104	-96.055	31. 0918001	121. 3868234	12.665
KZ1.6		-1 59.338	-2 57.104	-96.059	31. 0918002	121. 3868236	12.661
KZ1.7		-1 59.339	-2 57.104	-96.056	31. 0917998	121. 3868234	12.664
KZ1.8		-1 59.339	-2 57.102	-96.060	31. 0917998	121. 3868240	12.661
KZ2.5		-1 19.652	-2 56.150	-95.867	31. 1371563	121. 3870627	12.854
KZ2.6		-1 19.652	-2 56.150	-95.859	31. 1371565	121. 3870626	12.862
KZ2.7		-1 19.654	-2 56.152	-95.857	31. 1371557	121. 3870621	12.864
KZ2.8		-1 19.656	-2 56.151	-95.866	31. 1371550	121. 3870623	12.854
KZ2.9		-1 19.659	-2 56.153	-95.864	31. 1371540	121. 3870618	12.857
KZ2.10		-1 19.660	-2 56.153	-95.858	31. 1371538	121. 3870616	12.862
KZ2.11		-1 19.663	-2 56.149	-95.862	31. 1371529	121. 3870633	12.859
KZ2.12		-1 19.662	-2 56.148	-95.868	31. 1371533	121. 3870634	12.853
KZ3.1		-1 12.557	-2 58.394	-95.580	31. 1719280	121. 3861232	13.141
KZ3.2		-1 12.555	-2 58.393	-95.585	31. 1719287	121. 3861237	13.136
KZ3.3		-1 12.555	-2 58.392	-95.592	31. 1719285	121. 3861242	13.128
KZ3.4		-1 12.555	-2 58.393	-95.586	31. 1719287	121. 3861236	13.135
KZ3.5		-1 12.554	-2 58.395	-95.598	31. 1719291	121. 3861230	13.123
KZ3.6		-1 12.554	-2 58.397	-95.587	31. 1719289	121. 3861220	13.134
KZ3.7		-1 12.554	-2 58.394	-95.595	31. 1719289	121. 3861232	13.126
KZ3.8		-1 12.556	-2 58.397	-95.601	31. 1719285	121. 3861223	13.120
KZ3J1		-1 12.554	-2 58.392	-95.605	31. 1719291	121. 3861241	13.116
KZ3J2		-1 12.554	-2 58.390	-95.605	31. 1719291	121. 3861247	13.116
KZ2J1		-1 19.657	-2 56.150	-95.878	31. 1371549	121. 3870627	12.843
KZ2J2		-1 19.653	-2 56.149	-95.873	31. 1371561	121. 3870633	12.848
KZ1J1		-1 59.328	-2 57.101	-96.052	31. 0918034	121. 3868245	12.668
KZ1J2		-1 59.332	-2 57.102	-96.051	31. 0918021	121. 3868240	12.670

图 256　GNSS‐RTK 图根控制测量作业数据示例

小结

根据上海市《地下管线测绘标准》DG/TJ 08—85—2020,使用 GNSS‐RTK 方法进行图根控制测量时,平面应在每点独立初始化 2 次,每次采集 2 组观测数据,每组采集的时间不少于 10 s,4 组数据的平面点位较差小于 20 mm 时可取其中任一组数据或平均值;高程每点独立初始化 4 次,每次采集 2 组观测数据,每组采集的时间不少于 10 s,8 组数据的大地高较差小于 30 mm 时取其平均值作为最终测量的大地高成果。对图根点应有不少于 10% 的重复抽样检查,检查点数不少于 3 点,重复抽样检查应在当日临近收测时或隔日进行,且应重新进行初始化,重复抽样结果与初次采集值平面点位较差小于 30 mm,高程小于 50 mm。

案例九

整理测量数据时发现部分测段的全站仪原始观测数据未按要求进行测站检核

问题描述

测绘工作人员整理某 110 kV 高压电缆排管工程测量数据时发现，此段工程部分测段在惯性定位测量前，测量管道内衬管的管口坐标时，全站仪观测数据有未按作业要求进行测站检核的情况（图 257）。缺少测站检核会造成原始观测数据内的衬管测量成果不可靠，故要求作业人员对该部分测段的全站仪作业进行返工。

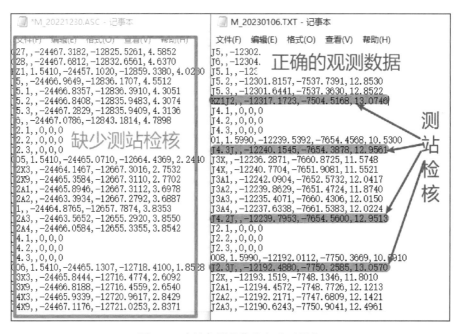

图 257　全站仪测量作业方法不规范

整改情况

对此段工程中缺少测站检核的测段进行重新测量,并根据最终的管口坐标测量结果对管道惯性定位仪的探测数据进行重新解算,输出正确的衬管坐标成果。

小结

根据《工程测量标准》GB 50026—2020 和上海市《地下管线测绘标准》DG/TJ 08—85—2020、《1∶500　1∶1000　1∶2000 数字地形测量规范》DG/TJ 08—86—2010 等的相关要求,电缆排管测绘中,在使用全站仪进行碎部测量时,完成测站定向后,应复测另一已知的图根点的坐标和高程,作为测站检核;检核点为图根点则坐标重合差不应大于4 cm,检核点比图根级低一级时坐标重合差不应大于6 cm,高程较差不应大于5 cm;作业过程中和作业结束前,应对定向方位进行检查。

案例十

某排管的惯性定位探测成果在录入
全业务运营管理中台系统时
发现管位出现镜像错误

问题描述

某110kV高压电缆排管工程两工井间管道长度约103m,根据管道惯性定位仪探测结果,将成果录入全业务运营管理中台系统(简称中台系统)时,发现此段管道的起止点(工井)位置与系统内地形数据相匹配,但是两井中间所探测的管道内衬管走向位置却出现偏差,与道路走向明显不一致,出现类似镜像错误(图258)。

经过对原始测量数据、过程文件及现场的核对检查,发现产生错误的原因是:处理探测数据的过程中输入起止点衬管管口的点名与三维坐标信息时,错把起点作为终点,终点作为起点,输入了相反的数据信息,结果造成管道惯性定位仪成果出现镜像错误。

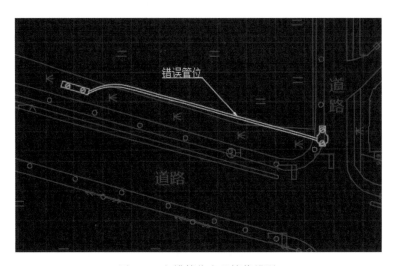

图258　电缆管位出现镜像错误

整改情况

认真检查原始测量数据后，变更管道惯性定位仪数据的起、止点，重新处理管道惯性定位仪探测数据，输出正确的管线三维轨迹坐标，并生成中台系统入库格式文件，重新入库（图 259）。

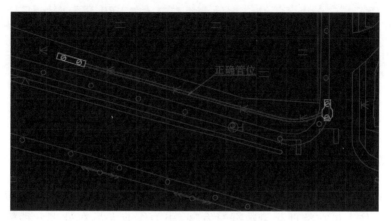

图 259　重新处理后的正确管位

小结

如果管线走向为直线、只在深度上有变化，出现此类错误时就很难被发现，因此作业人员使用管道惯性定位仪完成探测后，在现场进行数据预处理时，需要认真检查并核对管线起、止点的对应情况，并保留能辨识现场起点和终点的照片，作为后期内业检查的依据，防止发生类似错误。

整理某管道衬管的惯性定位测量数据时发现测点的纵、横坐标数据交换错误

问题描述

某 110 kV 高压电缆排管工程两工井间管道长度约 97 m，管道惯性定位仪探测成果提交后，测绘工作人员在整理测量数据时发现，相关作业人员在处理此段管道内衬管的探测数据时，错把管线起、止点的横坐标输入为纵坐标的值，纵坐标输入为横坐标的值，即 X、Y 交换输入(图 260)。问题发现以后，成果随即返回作业部门进行修改，内业人员处理时，只是简单地把管道惯性定位仪成果的纵、横坐标进行了互换，随即再次提交，整理数据的测绘人员核对前、后两次成果后，认为通过此种方式，无法修正此类错误，再次对数据提出质疑。

0	Run used for average:	230106-D3-D1-R1-AB-F (-3.41%)				
1	Run used for average:	230106-D3-D1-R2-BA-B (-2.71%)				
2	Run used for average:	230106-D3-D1-R3-AB-F (-2.76%)				
3	Run used for average:	230106-D3-D1-R4-BA-B (-2.60%)				
4	Distance (L)	X coordinate	Y coordinate	Z coordinate	Azimuth	Pitch
5	from WPA	Easting	Northing	Depth		
6		- 60.873	- 236.287	2.450	0	0
7	1	- 61.788	- 235.884	2.508	151.1	3.3
8	2	- 62.704	- 235.480	2.564	151.2	3.2
9	3	- 63.617	- 235.075	2.621	151.2	3.2
0	4	- 64.536	- 234.671	2.676	151.1	3.1
1	5	- 65.449	- 234.272	2.729	151	3
2	6	- 66.366	- 233.875	2.772	150.7	2.4
3	7	- 67.283	- 233.478	2.791	150.8	1.1
4	8	- 68.199	- 233.087	2.804	150.5	0.7
5	9	- 69.122	- 232.696	2.820	150.4	0.8
6	10	- 70.036	- 232.300	2.840	150.8	1.1
7	11	- 70.955	- 231.898	2.864	151	1.4
8	12	- 71.871	- 231.495	2.901	151.2	2
9	13	- 72.779	- 231.087	2.947	151.5	2.6
0	14	- 73.693	- 230.682	2.988	151.3	2.3
1	15	- 74.603	- 230.267	3.023	151.9	2

起、止点的坐标
纵、横交换输入
成果有误

图 260　管道惯性定位仪数据处理时起、止点坐标输入错误

整改情况

认真确认起、止点坐标，更正管道惯性定位仪数据的起、止点坐标，在管道惯性定位仪随机软件中重新处理探测数据，输出正确的衬管三维轨迹坐标成果，并生成中台系统入库格式文件（图 261）。根据重新处理的结果可以看出，管道惯性定位仪起、止点坐标输入交换后，对结果产生的影响比较大，不是简单交换纵、横坐标就可以解决的。

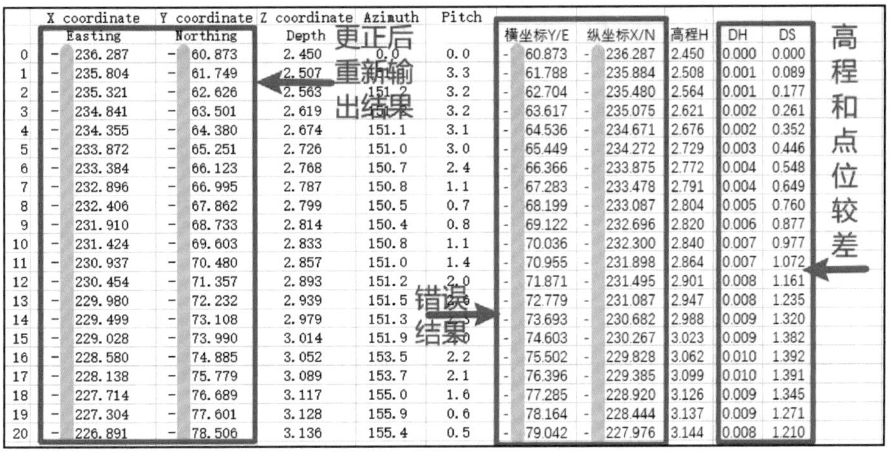

图 261　重新处理后的正确结果及前后差异对比

小结

如果发现在处理管道惯性定位仪探测成果数据时，起、止点的纵（X）、横（Y）坐标输入交换，在修改错误时，只将结果的纵、横坐标互换，无法达到修正错误的目的，需要通过软件重新处理管道惯性定位仪探测数据。作业人员在处理数据时，要认真检查并核对管道起、止点坐标，并保留好原始的数据处理过程文件和截图以备检查核对，防止发生类似错误。

案例十二

整理某管道衬管的惯性定位测量数据时发现测量结果的长度修正比超限

问题描述

测绘工作人员整理某 110 kV 高压电缆排管工程的惯性定位探测数据时发现,此工程多段探测成果的长度修正比均超限。问题出现以后,随即对整个工程的作业时使用的仪器和内业数据处理过程进行检查,首先排除了仪器里程计故障的问题,接着在软件 X-Traction 相关页面检查管段的起、止点坐标和惯性采集单元的轮组编号,确定为系统配置中(图 262)输入的轮组编号与实际测量使用的轮组不对应。管道惯性定位仪在进行此工程测量时,更换了轮组,但在数据处理时输入了其他轮组的编号。

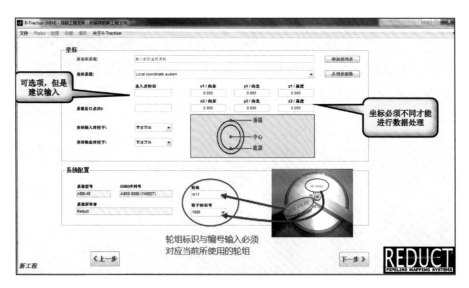

图 262　管道惯性定位仪数据处理时轮组编号输入错误

整改情况

重新确认在此工程惯性定位探测时所使用的轮组，在数据处理软件 X-Traction 系统配置页面中输入正确的轮组编号，重新处理探测数据，输出正确的管线三维轨迹坐标成果，并生成中台系统入库格式文件。图 263 对比了轮组编号变更前后的长度修正比。

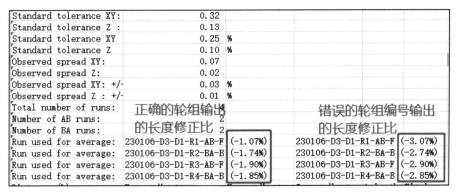

图 263 轮组编号修改前后输出结果的长度修正比变化

小结

惯性定位探测成果的长度修正比超限会降低测量成果的置信度，故在数据处理中遇到长度修正比超限的情况，应检查以下内容：

（1）装有里程计的两个轮子是否同时打滑或者含里程计轮子的方向装反（磁铁一面没有朝向传感器），造成测量的某一部分的距离信息丢失；

（2）检查起、止点的坐标数据输入是否正确；

（3）数据处理时输入的轮组标识是否与实际使用的轮组一致。

案例十三

某工程开挖路面施工误损运行中的
110kV 高压电缆

问题描述

某日夜间,某施工单位在某道路路口南侧开挖路面铺设路灯过路管,误损运行中的某 110 kV 高压电缆。

问题分析

某工程公司于某日夜间在没有通知高压电缆的管理单位、没有任何许可手续的情况下擅自在某道路路口南侧进行开挖路面铺设路灯过路管施工,造成运行中的某 110 kV 高压电缆故障跳闸。

经过现场检查发现,管道箱体太浅,进入道路结构层(图 264),导致施工单位分不清管道箱体的位置,使得本就没有经过管线交底的擅自施工行为险上加险,最终造成了该 110 kV 高压电缆被误损。

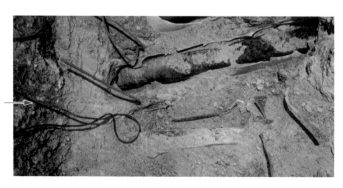
道路结构层 →

图 264 开挖检查

整改情况

高压电缆的管理单位在第一时间全力组织抢修工作,在备品充足的情况下,调换故障电缆本体。更换同型号电缆约 172 m,安装中间接头 4 相。敷设、安装工作全部结束后,有计划地进行了电缆耐压试验(128 kV/h),完毕后电缆抢修工作结束、汇报调度。

小结

施工之前,通知管线的管理单位、办理施工许可手续是十分必要的。擅自施工对施工人员自身与已建管线的安全都可造成威胁。足够的埋设深度是电缆安全运行的重要保障。进入道路结构层的排管安全隐患大,相关单位应牢把工程质量关,严防出现此类不合格的电缆排管。

案例十四

某智慧高压电缆综合示范区

项目简介

某智慧高压电缆综合示范区范围以某会展中心为核心向四周扩展,整个区域共计149.5 km²。示范区范围内涵盖220 kV变电站4座、110 kV变电站11座和重要用户站3座,高压电缆排管约46 km。

部分电缆线路已安装智能井盖、光纤振动监测、通道可视化等智能感知设备。其中智能井盖已安装192个,覆盖6回110 kV线路,覆盖率达到井盖总数的26%;光纤振动监测已覆盖7回110 kV线路,达到了110 kV高压电缆100%全覆盖;通道可视化已安装30套设备,覆盖2回220 kV线路。

智能化设备的应用

某智慧高压电缆综合示范区基于输电物联网的典型架构,在感知层方面,基于各类新型电缆通道状态感知装置,构建电缆通道智能感知体系;在网络层方面,基于边缘物联代理模块及内外网安全交互平台,创建电力排管物联安全交互架构;在平台层方面,依托三维建模及优化求解器技术,搭建电缆通道数字孪生及智慧决策云平台。该示范区实现了电缆通道环境全息感知典型应用场景,同时还构建排管物联网智能处置特色应用场景。

电缆通道环境全息感知典型物联场景应用之一主要依托智能井盖(图265)实现排管通道准入管理。通过在排管通道上加装基于低功耗IoT无线通信技术的智能井盖系统,实现排管通道准入管理,智能电力井盖由高强度工井内井盖、无源电子锁、智能电子钥匙、安防监测模块和管理模块等部分组成。

运维单位根据施工计划与申请,在后台系统对拟开启井盖进行预授权,现场通过智能电子钥匙实现井盖匹配及解锁,同时上传井盖开闭信息至后台,并支持远程授权与紧

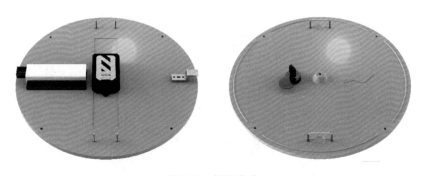

图 265　智能井盖

急授权开启。井盖管理模块纳入精益化管理综合平台,在 GIS 地图上实时展示井盖状态、非法开启报警和位移、倾斜、沉降等警报信息,对有毒有害、易燃易爆气体监测等需求的工井可加装气体(CO、CH_4、H_2S、O_2)、水位监测模块。

排管物联网智能处置(图 266)特色应用场景主要依托智能地钉、通道可视化、智能换位箱等感知终端。通过感知终端间的通信及联动,实现电缆排管物联网的应急响应和智能处置。

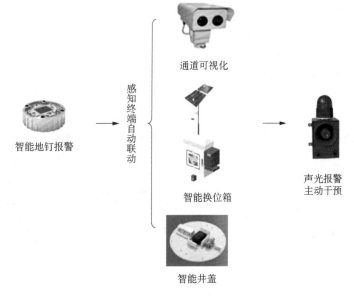

图 266　排管物联网智能处置

智能地钉(如图 267)与常规地钉同样安装于电缆通道上,起到电缆路径标识的作用。智能地钉可实时感知电缆通道附近各类机械振动信号。当电缆通道附近存在机械施工时,智能地钉及时推送报警信息给电缆运维人员,同时通过警示灯闪烁,提醒现场施工人员。智能地钉还可根据现场环境进行自学习,不断提高报警准确率。智能换位箱之间敷设光缆作为通信介质,同时实现排管振动、温度、应力的全方位监测。

图 267 智能地钉

通道可视化装置(图 268)与电缆通道警示牌结合安装于电缆通道路径上,可对电缆通道情况进行实时监拍。同时,通过前端 AI 图像自主分析算法,自动判别电缆通道上是否有挖掘机作业等外破隐患,并推送报警信息(图 269)。

图 268 通道可视化装置

图 269 监拍照片及外破隐患识别情况

当电缆排管通道上发生违章施工,智能地钉立即推送报警信号,在管控平台上可以定位违章施工位置。系统自动联动,从与智能地钉相关联的通道可视化设备调取视频图像,方便电缆运维人员了解现场实际情况,并对违章施工取证。并且系统提供邻近的智能井盖等监测数据,方便电缆运维人员全面掌握电缆本体及通道状态。同时,系统还可直接通过通道可视化装置上的声光报警单元在电缆运维人员到达现场前通过声光报警主动干预,阻止违章施工进行。

项目成效

某智慧高压电缆示范区具备全面感知、边缘计算、多网融合、智能联动、辅助决策、开放共享的特点,能有效节约运检成本、节约保电成本、减少停电损失,同时提高运检质效和科学决策判断。

某智慧高压电缆示范区的建设,为开展电缆专业智能化运检提供上海方案,同时促进输电专业电力物联网的发展,在建设高可靠性电网、高标准打造一流电力发展环境和高水平服务智慧城市建设等方面发挥引领示范作用。

小结

土建质量合格的电缆排管,是保障高压电缆安全运行的基本条件之一。而各种智能化设备的应用不但能进一步提升高压电缆设备的安全性,还能够有效降低运检人员的工作量,节约运检及保电成本,为决策提供依据,提升运检工作的效率。在保证排管土建质量的同时,加快智能化设备的应用,是提升高压电缆设备安全性,提高供电可靠性的有效手段。

参考文献

[1] 国家能源局. DL/T 5221—2016. 城市电力电缆线路设计技术规定[S]. 北京：中国电力出版社，2016.

[2] 国家能源局. DL/T 5484—2013. 电力电缆隧道设计规程[S]. 北京：中国建筑工业出版社，2013.

[3] 国家电网上海市电力公司. 国网上海市电力公司输变电工程标准化设计图册（电缆线路分册）[S]. 2022.

[4] 国家电网公司. 国网电网公司输变电工程通用设计电缆敷设分册（220～500 kV 增补方案）[M]. 北京：中国电力出版社，2014.

[5] 国家电网运检. [2014]354 号. 电力电缆通道选型与建设指导意见[S]. 北京：国家电网公司办公厅，2014.

[6] 国家电网公司. Q/GDW 371—2009.10(6)kV～500 kV 电缆技术标准[S]. 2009.

[7] 国家电网公司. Q/GDW 1512—2014. 电力电缆及通道运维规程[S]. 2014.

[8] 国家电网公司. 电网主设备知识库—设备百科[Z]. 国家电网公司. 2022.

[9] 中华人民共和国住房和城乡建设部，中华人民共和国国家质量监督检验检疫总局. GB 50208—2011. 地下防水工程质量验收规范[S]. 北京：中国建筑工业出版社，2011.

[10] 同济大学. 地下工程施工[Z]. bilibili. 2019.

[11] 上海市城乡建设和交通委员会，上海市非开挖技术协会. DG/TJ 08—2075—2010. 管线定向钻进技术规范[S]. 上海：上海市建筑建材业市场管理总站，2010.

[12] 国家电网公司. 国家电网生〔2018〕979 号《国家电网公司十八项电网重大反事故措施》（修订版）[S]. 2018.

[13] 上海上电电缆管道工程建设有限公司. SPPEC/OS - 2005. 电力电缆排管工程施工规范[S]. 2005.

[14] 上海上电电缆管道工程建设有限公司. SPPEC/OS - 2005. 电力排管施工工序作业指导书[S]. 2005.

[15] 中华人民共和国国家质量监督检验检疫总局，中国国家标准化管理委员会. GB/T 1499.1—2017. 钢筋混凝土用钢第 1 部分：热轧光圆钢筋[S]. 北京：中国标准出版社，2017.

[16] 中华人民共和国国家质量监督检验检疫总局，中国国家标准化管理委员会. GB/T 1499.2—2018. 钢筋混凝土用钢第 2 部分：热轧带肋钢筋[S]. 北京：中国建筑工业出版社，2018.

[17] 中华人民共和国住房和城乡建设部，中华人民共和国国家质量监督检验检疫总局. GB 50204—2015. 混凝土结构工程施工质量验收规范[S]. 北京：中国建筑工业出版社，2015.

[18] 中华人民共和国建设部,中国建筑科学研究院. JGJ 52—2006.普通混凝土用砂、石质量及检验方法标准[S].北京:中国建筑工业出版社,2007.

[19] 中华人民共和国建设部. JGJ 63—2006.混凝土用水标准[S].北京:中国建筑工业出版社,2006.

[20] 中华人民共和国国家质量监督检验检疫总局,中国国家标准化管理委员会. GB/T 1596—2017.用于水泥和混凝土中的粉煤灰[S].北京:中国建筑工业出版社,2017.

[21] 中华人民共和国国家质量监督检验检疫总局,中国国家标准化管理委员会. GB 175—2007.通用硅酸盐水泥[S].北京:中国建筑工业出版社,2007.

[22] 中华人民共和国住房和城乡建设部,中华人民共和国国家质量监督检验检疫总局. GB 50666—2011.混凝土结构工程施工规范[S].北京:中国建筑工业出版社,2011.

[23] 百度.混凝土振捣器[Z].百度图片. 2023.

[24] 中华人民共和国住房和城乡建设部,中华人民共和国国家质量监督检验检疫总局. GB 50164—2011.混凝土质量控制标准[S].北京:中国建筑工业出版社,2011.

[25] 中华人民共和国建设部,中华人民共和国国家质量监督检验检疫总局. GB 50217—2007.电力工程电缆设计规范[S].北京:中国建筑工业出版社,2007.

[26] 国家电网公司. Q/GDW 1799.2—2013.国家电网公司电力安全工作规程线路部分[S].北京:中国电力出版社,2013.

[27] 上海市电力公司.上海市电力公司若干技术原则的规定(第四版)[S]. 2011.

[28] 国家电网公司. Q/GDW 11381—2015.电缆保护管选型技术原则和检测技术规范[S]. 2015.

[29] 国家电网公司. Q/GDW 11336—2014.输电线路接地网非开挖施工工艺导则[S]. 2015.

[30] 输配电线路_大飞.水平定向钻(拖拉管)施工流程[Z].输电趣坛. 2021.

[31] 国网上海市电力公司标准化委员会. Q/SDJ 1013—2004.水平定向钻进铺设电力管道工程技术规程[S]. 2004.

[32] 小陈说工程.国外 3D 动画讲解非开挖水平定向钻技术原理及过程[Z]. bilibili. 2021.

[33] 凯通钻具(集团)有限公司.挤压式扩孔器[Z].凯通钻具(集团)有限公司. 2015.

[34] 凯通钻具(集团)有限公司.切削式扩孔器[Z].凯通钻具(集团)有限公司. 2015.

[35] 安金龙,张爱萍,郭明万.组合式扩孔器:中国,CN2607434Y[P/OL]. 2004 - 03 - 24.[https://analytics. zhihuiya. com/patent-view/abst? limit ＝ 100&q ＝ CN% 2003235716& _ type ＝ query&patentId ＝ 654a7cf3-f5e0-4ae4-9fca-603d537be171&sort ＝ fancasc&rows ＝ 100&page ＝ 1&source_type＝search_result].

[36] 廊坊钻王科技深远穿越有限公司.牙轮式岩石扩孔器[Z].百度爱采购. 2020.

[37] 上海市城乡建设和交通委员会,同济大学. DG/TJ 08—40—2010.地基处理技术规范[S].上海:上海市建筑建材业市场管理总站,2010.

[38] 国网上海市电力公司.上电司基[2012]170 号.上海市电力公司电力地下管道跟踪测量规定[S]. 2012.

[39] 中华人民共和国住房和城乡建设部,国家市场监督管理总局. GB 50026—2020.工程测量标准[S].北京:中国计划出版社,2020.

[40] 上海市住房和城乡建设管理委员会,上海市测绘院. DG/TJ 08—85—2020.地下管线测绘标准[S].上海:同济大学出版社,2020.

[41] 中华人民共和国住房和城乡建设部. CJJ 61—2017.城市地下管线探测技术规程[S].北京:中国建筑工业出版社,2017.

[42] 中国标准化协会. T/CAS 452—2020.地下管道三维轨迹惯性定位测量技术规程[S].北京:中国建筑工业出版社,2020.

[43] 国家市场监督管理总局,国家标准化管理委员会. GB/T 39616—2020.卫星导航定位基准站网络

实时动态测量(RTK)规范[S].北京:中国标准出版社,2020.

[44] 周拥军,陶肖静,寇新建.现代土木工程测量[M].上海:上海交通大学出版社,2011.

[45] 宁津生,姚宜斌,张小红.全球导航卫星系统发展综述[J].导航定位学报,2013,1(01):3-8.

[46] HOFMANN-WELLENHOF B, LICHTENEGGER H, WASLE E. GNSS-global navigation satellite systems: GPS, GLONASS, Galileo, and more [M]. Berlin: Springer Science & Business Media, 2008.

[47] 顾孝烈,鲍峰,程效军.测量学(第四版)[M].上海:同济大学出版社,2011.

[48] 周志易.精密磁悬浮陀螺全站仪特殊环境数据算法分析及稳定性研究[D].长安大学,2013.

[49] 孙冬进.影响REDUCT惯性定位系统的测量精度因素分析——以测量时间与里程仪精度为例[J].现代信息科技,2020,4(04):57-61.

[50] 李岳.坐标转换系统的设计与实现[D].中国地质大学(北京),2010.

[51] 金郁萍.常用大地坐标系相互转换的设计与实现[D].电子科技大学,2011.

[52] 《数学辞海》编辑委员会.数学词典[M].北京:中国科学技术出版社,2002.

[53] 邓绶林,刘文彰.地学辞典[M].河北:河北教育出版社,1992.

[54] 封吉昌.国土资源实用词典[M].武汉:中国地质大学出版社有限责任公司,2011.

[55] 上海市住房和城乡建设管理委员会.DG/TJ 08—2322—2020.测绘成果质量检验标准[S].上海:同济大学出版社,2021.

[56] 国家市场监督管理总局,国家标准化管理委员会.DG/TJ 08—86—2010.1:500 1:1000 1:2000数字地形测量规范[S].北京:中国标准出版社,2010.

[57] REDUCT. User Manual of ABM-90 [M]. Belgium: Reduct, 2014.

[58] 国网上海市电力公司电缆分公司.Q/GDW 09.输电电缆测绘标准化作业指导书[S].2022.

[59] 中华人民共和国住房和城乡建设部,中华人民共和国国家质量监督检验检疫总局.GB 50202—2018.建筑地基基础工程施工质量验收标准[S].北京:中国计划出版社,2018.

[60] 中华人民共和国住房和城乡建设部.JGJ 120—2012.建筑基坑支护技术规程[S].北京:中国建筑工业出版社,2012.

[61] 国家市场监督管理总局,中国国家标准化管理委员会.GB/T 17656.混凝土模板用胶合板[S].北京:中国质检出版社,2018.

[62] 中华人民共和国住房和城乡建设部.JGJ/T 152—2019.混凝土中钢筋检测技术标准[S].北京:中国建筑工业出版社,2019.

[63] 中华人民共和国住房和城乡建设部,中华人民共和国国家质量监督检验检疫总局.GB 50010—2010.混凝土设计规范[S].北京:中国建筑工业出版社,2010.

[64] 中华人民共和国住房和城乡建设部,中华人民共和国国家质量监督检验检疫总局.GB/T 50107—2010.混凝土强度检验评定标准[S].北京:中国建筑工业出版社,2010.

[65] 中国国家标准化管理委员会,中华人民共和国国家质量监督检验检疫总局.GB/T 14902—2012.预拌混凝土[S].北京:中国标准出版社,2012.

[66] 中华人民共和国住房和城乡建设部.JGJ/T 23—2011.回弹法检测混凝土抗压强度技术规程[S].北京:光明日报出版社,2011.

[67] 中华人民共和国住房和城乡建设部,中华人民共和国国家质量监督检验检疫总局.GB/T 50080—2016.普通混凝土拌合物性能试验方法标准[S].北京:中国建筑工业出版社,2016.

[68] 中华人民共和国住房和城乡建设部,中华人民共和国国家质量监督检验检疫总局.GB/T 50081—2019.普通混凝土力学性能试验方法标准[S].北京:中国建筑工业出版社,2019.

[69] 中华人民共和国住房和城乡建设部,中华人民共和国国家质量监督检验检疫总局.GB/T 50082—2009.普通混凝长期性能和耐久性能试验方法标准[S].北京:光明日报出版社,2009.

［70］国家电网公司办公室. 国网(办/4)571－2018. 国家电网公司电网建设项目档案管理办法［S］.
      2018.

［71］国网上海市电力公司办公室. 国网上电司办［2015］362 号. 国网上海市电力公司电网建设项目档
      案管理实施细则(试行)［S］.2015.

［72］国家电网公司办公室. 国网(办/4)947－2018. 国家电网有限公司电网建设项目档案验收办法
      ［S］.2018.